JN028290

理系のための伝わるビジネスコミュニケーション力

入社1年目の文章・プレゼン・会話術

堀越 智
廣川克也
宮澤貴士 共著

はじめに

筆者が共同研究をしている企業の理系職の方々との会話や、卒業生が訪ねてきた際に、「企業が求める理系学生像は何でしょうか？」と尋ねることがあります。その回答のほとんどが「コミュニケーションができる人」というものです。どうも、部下や同僚に期待される能力は、高度な専門性よりもむしろコミュニケーション力のようです。

では、「なぜコミュニケーション力が必要なのでしょうか？」と質問すると、「**企業では専門分化が著しく進み、各専門家が縦横で連携して仕事を進めるため、理系出身だからといって研究や開発の専門知識だけでは仕事が進まないから**」という答えが返ってきます。もちろん企業は理系職に高い専門性を求めますが、この専門性を組織内で活かすためには「コミュニケーション力」が不可欠なのです。

また、ある統計によれば、入社 1 年目で離職する人が 6 人に 1 人という割合があります。離職理由の上位には「うまくコミュニケーションが取れない」が位置しており、不安や居心地の悪さを感じる要因を「コミュニケーション力」で改善できそうです。コミュニケーションは相互のやり取りが絡むため、その解決は難しいこともありますが、ビジネスにおけるコミュニケーションの本質を知ることで、互いのコミュニケーションのズレを埋めることができます。

「それではビジネスコミュニケーションについて学ぼう」と思っても、理系職という専門性の高い職種に焦点を当てた解説は少ないようです。そのため、ほとんどの場合、トレーナーとなる先輩や上司から

OJT で教えてもらうことになります。しかし、このやり方では指導者のスキルに応じて理解が限られてしまいます。また、トレーナー役の先輩が忙しくてあまり教えてもらえず、職場でのコミュニケーションが負担で、安心して仕事ができなかったという経験を聞いたこともあります。

そこで、本書は学生、新入社員、指導者、教育担当者の方々が理系職のビジネスコミュニケーションの基礎を身につけられるように執筆しました。ビジネス用語は避け、基本的な事柄から例を交えつつ、「文章力」「プレゼンテーション力（プレゼン力）」「会話力」に焦点を当て、以下の点に到達することを目標にしています。

文章力：必要な内容を適切な表現で、伝わる構成の文章
プレゼン力：心を動かし、期待した行動を得るためのプレゼン
会話力：仕事の効率化と生産性の向上のための会話

まずは本書全体をお読みいただき、ビジネスコミュニケーションの全体像を確認してみてください。各項目は数ページ単位でまとめてあるので、連続的な学び以外にも仕事で困ったときなど、必要に応じて項目を確認できるよう、読者に寄り添える構成になっています。

令和の東京パラリンピックを終え、コロナ禍のコミュニケーション制限を乗り越えた現在では、ビジネスコミュニケーションはますます多様化しています。理系職だからと言ってビジネスコミュニケーションは避けて通れない時代ですが、その基本は変わりません。「伝わる」ビジネスコミュニケーション力を身につけ、専門的な仕事で得られた成果を会社の役に立て、そして「楽しく」「自分らしく」働くための参考書として、本書をぜひご活用ください。

最後に、豊富な経験を元に文章をまとめていただいた2名の著者に深く感謝いたします。また、学生目線で評価してくれた著者研究室所属の学生諸君、研究者目線で指摘をしてくれた妻（奈津子）にも心から感謝いたします。読者目線で的確なアドバイスをいただいたオーム社の皆さまにもお礼申し上げます。

なお、本書では多くのご教示を学術的な文献やインターネットから得ており、本書の紙面を借りて、著者を代表してお礼を申し上げます。

2024年2月4日

雪の立春の東京より

執筆者を代表して　堀越　智

目　次

Chapter 1

社会人基礎力とコミュニケーション

理系職の
コミュニケーション力

　理系職として社会人生活が始まりました。ところで『あなたはコミュニケーション力が備わっていますか？』と質問をされたとき、どのように答えますか。

　そもそもコミュニケーション力とはどのようなものでしょうか。まずはこの話から始めます。

1-1
コミュニケーションは必要？
仕事を円滑に進めるツール

これから社会人になる人は、大学や高専の生活と全く環境が変わるので心配事も多いのではないでしょうか。会社に入社するということは、新しい環境へ１人で行くわけですから、期待と不安があると思います。大学や高専の研究室に配属されることも、新しい環境になったと言えますが、入社するということはこれとは異なる面もあります。

大学や高専の研究室では、普段の会話は「指導教員や研究室の人達だけ」という人が多かったことでしょう。この点は令和になった今も変わっていないと思います。

研究室では、各自の卒業論文作成に向けた研究を行うことが目的であり、その研究や論文作成の指導は教員や先輩達に限定されます。また、基本的には「主体的」に研究を進めるため、外部と関わる必要が少なくなります。場合によっては卒業審査会が近付き、追い込みのために実験室に籠りっきりとなり、「今日は誰とも話していないな」と気づくこともあるかもしれません。

大学や高専の研究室では会話が１日ないことも

一方で会社では、大学や高専の研究室とは異なり、「さまざまな人と関わる」ことになります。読者の中には、「営業職ではないから人には関わらない」と思っている人もいるかもしれません。しかし、あなたが研究部門や開発部門、技術部門に配属されたとしても、社内のさまざまな部門や役割の人と関わりを持ちながら仕事を進めることになります。

理系職は「人」ではなく「物」を相手にすることが多いと思いがち

大学や高専における理系学生は、独創性や先端性を高めることが目標とされますが、会社における理系職は社会や顧客により良い製品やサービスを、それに見合った価格で提供することが重要です。いくら独創的で先端的な技術を開発しても、社会や顧客に必要とされなければ経営的には無意味になってしまいます。会社では、実験や研究を実行し、これをまとめ、その結果を事業に結び付け、この事業から利益を得ることを目標とします。

この目標を達成するためには、研究部門や開発部門、技術部門に配属されたとしても、さまざまな人と関わり合う必要があります。例えば、理系職の中で最も単独業務が多いと思われる研究職であっても、研究開発のテーマを設定するには市場や顧客のニーズを把握する必要があります。そのためには、日頃から顧客と接している営業部門の人から情報収集をする必要があるのです。

また、あなたが考えたアイディアが製品化されるためには、適正な価格で製品の製造ができるかなどを考えなくてなりません。この場合、価格の計算には、少なくとも原料の調達費や製造費を考慮する必要があり、調達部門や製造部門との関わり合いが必ず出てきます。

さらに、商品（製品やサービス）として売れるレベルの完成度に高めるためには、細部まで技術内容を詰める必要があります。この場合は、同じグループ内で役割分担し、連携しながら製品開発を進めます。このように、大学や高専の研究室とは異なり、会社では「利益を得るという」目標に向けて、さまざまな役割の人達と仕事を進めることが一般的です。これを円滑に進めるためのツールとして「コミュニケーション力」が必要なのです。

Point

- 会社ではいくら優れた研究成果であっても会社の利益に結び付かないと意味がない
- 会社では研究や技術開発が目標ではないため、さまざまな役割の人達と、関わりを持ちながら仕事をする
- 目標に向けて仕事を円滑に進めるには「コミュニケーション力」が必要となる

1-2

新入社員は何に悩むのか

最初の不安

就職を控えている理系の学生に「仕事を行う上でどんな不安が予想できますか？」と質問をすると、「やりたい仕事ができるのか」「良好な人間関係が築けるのか」などの回答が出てきます。

一方、理系の新入社員に同じ質問をすると「円滑なコミュニケーションができるのか」という悩みが多く出てきます。

入社後、会社では「多種な専門家や他部署の人」と組織的なコミュニケーションを行いながら仕事を進めることに気がつきます。学生のころ組織的なコミュニケーションを経験したことがなかったため、このような悩みが出てきたのだと思います。

もしかしたら「自分はSNSなどで頻繁にコミュニケーションをとっているから大丈夫」と思う人もいるかもしれません。しかし、会社におけるコミュニケーションとは、ビジネスコミュニケーションです。さらにこれは組織立って行われます。

それでは、普段行っているコミュニケーションとビジネスコミュニケーションとは何が違うのでしょうか？　普段のコミュニケーションは「単方向」でもなんとなく通じることが多く、一方のビジネスコミュニケーションは相手と「双方向」で行うことが前提になります。

例えば研究をした成果を事業化するには、調達部門、営業部門、製造部門、知的財産部門などと連携をします。その際に同じ部門の人と同じように他部門の人とコミュニケーションしても、相手の専門性や責任範囲の違いから、内容や情報を相手が理解できないかもしれません。場合によっては、行き違いによって大きなトラブルにつながってしまうこともあるかもしれません。

ビジネスコミュニケーションの実践では、自分主体な「単方向」コミュニケーションをすることはなく、相手の応答を得るために、相手主体の「双方向」なコミュニケーションを実践する必要があるのです。

それでは、ビジネスコミュニケーションの構成はどのようになっているのでしょうか？　次にビジネスコミュニケーションの中身について説明します。

多種な専門家や他部署の人たちと円滑なコミュニケーション

- ビジネスコミュニケーションを実践するには相手主体の「双方向」なコミュニケーションを目指す

1-3

コミュニケーション力とは

文章力・プレゼン力・会話力

ビジネスコミュニケーションの構成を整理すると「文章力」「プレゼン力」「会話力」の三要素に分けることができます。そこで、これらの三要素についての概略を説明します。

ビジネスに対応したコミュニケーションの三要素
(文章力、プレゼン力、会話力)

文章力　よく「自分は理系だから文才がない」という話を聞きます。しかし、会社で用いる文章は、比喩や凝った言い回しが重要ではありません。定型書式を用いて内容を客観的に記し、「必要な内容」「適切な表現」「伝わる構成」を心がけることが重要です。

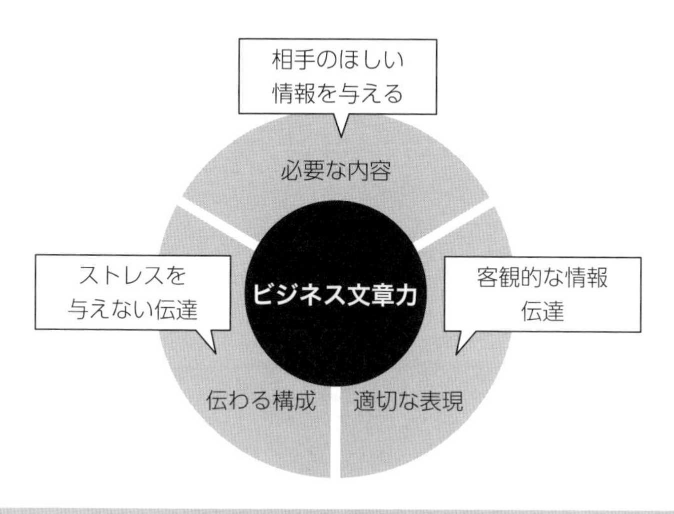

ビジネス文章力を構成する３要素

これを実行するには、ビジネス文章のルールを理解する必要があります。本書では Chapter 2 に「読み手を納得させる文章術」として解説をしています。

プレゼン力　プレゼン力と言われると、営業部門の人が行うような「魅力的なプレゼン資料が自分に作れるかな？」と思う人も多いのではないでしょうか。しかし、ビジネスでは、まず相手に物事を正確に伝えることが重要です。着飾ったプレゼンスライドや話の途中の小粋なジョークなどは必要ありません。

また注意点として、「相手のスキルを無視した内容」「情報過多」「説明が長い」「要点がわからない」などの要素は聞き手の興味を失わせる要因になります。ぜひ Chapter 3 の「聴き手を納得させるプレゼン」を理解し、プレゼンの真髄を取得してください。

会話力　会話力は「通じ合う」「広げる」「動かす」を重要とするコミュニケーションです。会社では多種な専門家や他部門とチームで仕事をすることも多くありますが、会話力によってスムーズなコミュニケーションを行うことができます。

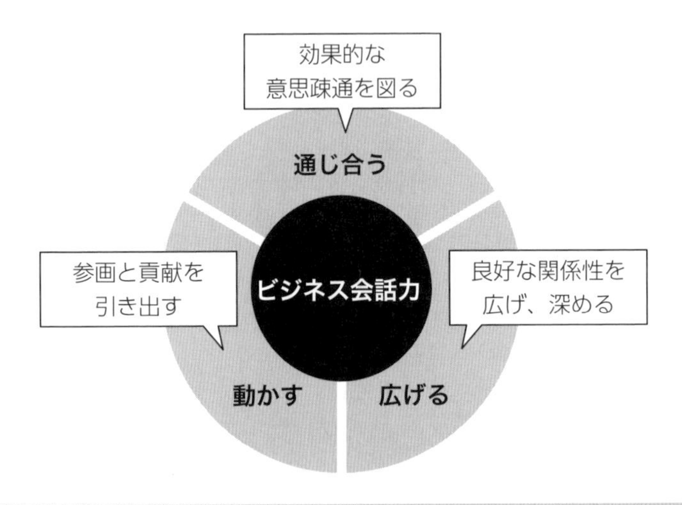

ビジネス会話力を構成する３要素

ビジネス会話力では「話がうまい」ということが重要ではなく、会話を通して「相互情報共有ができる」「中立的客観的な話ができる」「相手の思考を理解する」に気をつけて話すことが重要です。Chapter 4の「相手を納得させる会話術」を理解し、ビジネス会話を取得してください。

Point

- ビジネスに対応した理系職のビジネスコミュニケーション力は「文章力」「プレゼン力」「会話力」で構成されている

1-4

社会人基礎力とは

社会人に必要な3要素と12の能力

それでは早速「文章力」「プレゼン力」「会話力」の解説を、といきたいところですが、ビジネスコミュニケーション力が必要な理由の説明をもう一つ加えます。

みなさんは、「**社会人基礎力**」という言葉を聞いたことがありますか？　これは、社会人に必要な内容を「3要素」に分け、さらに「12の能力」に細分化したものです。会社が期待する学生や新入社員像と、学生や新入社員が考える社会人像の隔たりが年々大きくなっていることから、この隔たりを埋めるために経済産業省が提唱しました。この概念に則り社会人力を磨くことで、会社が理想とする社員像に近づきます。それでは、社会人基礎力とはどのようなものでしょうか。

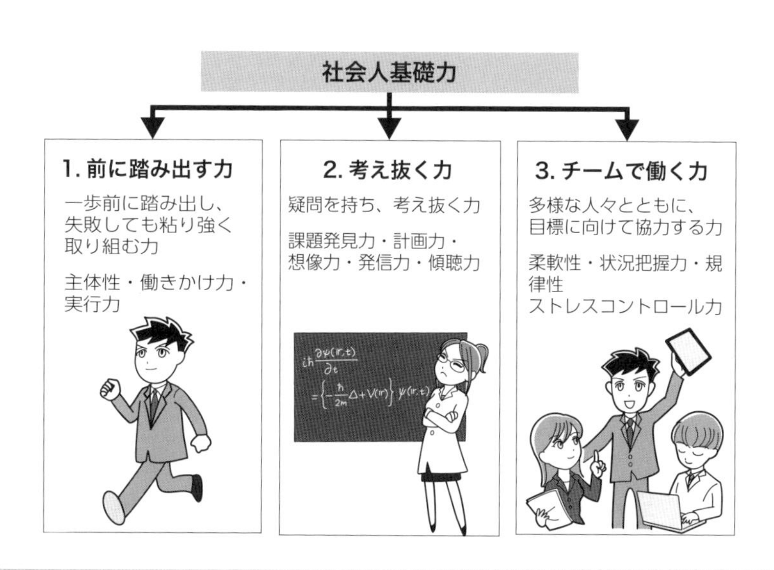

社会人基礎力の3要素と12の能力

3要素の中の一つ目は「前に踏み出す力」です。物事を前向きに捉え、指示を待つのではなく、自ら行動し、失敗をも乗り越える力を指します。二つ目は「考え抜く力」です。何かの課題や状況を改善するために、解決の方法を考える力を指します。三つ目は「チームで働く力」です。さまざまな人や状況でも、協働力を生み出すことのできる力を指します。これらは、自分で考え臆することなく実行し、さらに周りを引き込む力とも言えます。それでは、この3要素を12の能力に分けて、特に理系職に必要な能力も加えて説明を続けます。

1. 前に踏み出す力

主体性　仕事に進んで取り組む能力を指します。理系の人は専門分野に対して主体的である一方、専門分野から離れると主体性が低下する傾向があります。

働きかけ力　他人を巻き込んで目標を達成する能力を指します。会社ではどのような職種でも、多種な専門家や他部署とチームで仕事を行うことが多くあります。そのため、受け身ではなく能動的に動くことが必要とされます。

実行力　目的を設定し、実行する能力を指します。理系職は研究や技術の実行力は高い一方で、多種な専門家や他部署でのチームを牽引する実行力が低いことがあります。

2. 考え抜く力

課題発見力　現状進行中の内容を客観的に分析し、目的や課題を明らかにする能力を指します。理系の人は基本的には備えている能力と言えます。ただ、まだ表面化していない潜在的問題を「さまざまな人と協力して」見つけ出す力は弱いと言われています。

計画力　課題解決に必要な手順を立案・準備する能力を指します。理系職は自分の計画を立てることができる一方で、チームに対する立案力が低いようです。

創造力　既成概念にとらわれない製品やサービスを生み出し、良さを引き出す能力を指します。理系の人は専門以外の内容になると創造力が低下する人が多いようです。

発信力　自分の意見をわかりやすく伝える能力を指します。理系職の多くは、会社内外での発信力が弱い人が多いようです。

傾聴力　相手の意見を丁寧に聴き、話の内容を理解する能力を指します。理系職の場合は専門から離れた話題になると、理解力や引き出し力が弱くなる傾向があります。

3. チームで働く力

柔軟性　意見や立場の違いを理解し、相手を尊重しながらチームワークを発揮する能力を指します。もともと単独業務を基礎としている理系職（特に研究職や開発職）の人は、苦手な人が多いようです。

状況把握力　自分と周囲の人々や物事との関係性を理解する能力を指します。理系職の場合は状況を客観的に観察して「場の空気」を読むことが苦手な人が多いようです。

規律性　ルールや約束を守る力のことで、協調性の有無を指します。理系職の場合は単独業務が主体の場合もありますが、組織で仕事をしている以上はこの能力の向上が必要です。

ストレスコントロール力　ストレスの発生源に対応する能力を指します。何か指摘を受けても、後ろ向きに捉えるのではなく成長の機会だと前向きに捉え、ストレスを溜め込まない性格になることです。理系職の人は自分でストレスを抱えてしまう人が多いようです。

これらの能力に対して、理系の人は得意な点や不得意な点があると思います。さらに個人差も大きくあると考えられます。それではどのように苦手な部分の克服をすればいいのでしょうか？　その一つに「コミュニケーション力」の向上があります。

次の章からは、具体的な例を交えてコミュニケーション力の構成要素である「文章力」「プレゼン力」「会話力」の説明をしていきます。

Point

- 社会人基礎力は3要素、12の能力で構成されている
- 理系職が苦手とする社会人基礎力の項目を克服するために、コミュニケーション力を磨くことを目指す

Column

世代間のギャップ

最近、会社でよく言われることが各世代間の仕事の考え方に対するギャップです。「バブルの世代」の人は「働いただけチャンスがある」時代でしたので、上司の激励を素直に受け取れました。現在では「上司の激励」は負担になってしまうことがあります。「ゆとり世代」の人は、指示通りにこなす能力はあるものの「勝手にやると逆に迷惑になる……」などと考えて、「指示待ち」となる傾向があります。

また、世代によって仕事の重点も異なり、昭和からバブル時代の社員の重点は「結果」、その後の就職氷河期の世代の社員の重点は「プロセス」、ゆとり世代の社員の重点は「多様化」、それ以降の世代の社員の重点は「多様化と協調」という傾向があるようです。

一見すると共通点が見出せず、「一緒に仕事ができるのかな？」と不安になるかもしれません。しかし、コミュニケーション力を使いこなすことで、このような隔たりを埋め、効率的に円滑な仕事を進めることができると思います。

Chapter 2

読み手を納得させる文章術

ビジネス文章の心構え

　公益財団法人日本漢字能力検定協会が実施しているアンケートでは、95％の人が「ビジネスに文章力は必要」と回答しています。昔から文章力は昇格や昇給に影響すると言われており、さらに昨今では社内外のやり取りの主流が、テキストコミュニケーションに変化しています。

　相手を納得させることのできる文章術を学び、必要な内容を適切な表現で伝わる構成の文章を書きましょう。

2-1
理系が苦手なビジネス文章

文章の内容や構成を工夫するために必要な要素を知る

読者の中には「文章作成が苦手だから、進学時に理系を選んだ」という人もいるのではないでしょうか。大学や高専では、それでもなんとかなったかもしれません。しかし、会社では研究や技術、生産などが業務であっても、必ず「文章作成」を行います。そして、双方向なコミュニケーションを行うためには、「**読み手を納得させる文章**」を実践しなくてはなりません。文章作成が苦手な人は、本章からヒントを得て、文章作成を得意にしましょう。

ところで、会社で用いられるビジネス文章には、どのようなものがあるのでしょうか。実はビジネス文章にはさまざまな種類があり、さらに読み手は「上司」「部下」「他部署の人」「社外の人」が想定されます。

理系職の場合は、報告書の作成が多くなることが多いようです。報告書の形式は定型のものが用意されていることが多く、見栄えを良くしたり、文字装飾を工夫したりする必要はありません。むしろ見た目よりも、文章の内容や構成を工夫することで良い報告書になります。

会社で扱う文章の種類

発信先	種類	役割
社内文書	報告書、レポート、議事録、稟議書、申請書など	社内の業務
社外文書	報告書、依頼書、案内状、照会状など	社内外の業務
社交文書	あいさつ状、お礼状、見舞状、招待状など	社内外の儀礼

書き手と読み手の関係に対する社内文章の種類

読み手 → 書き手	文章の内容
部下 → 上司	稟議書、伺い書、企画書、提案書、報告書
上司 → 部下	辞令、通達、指示、通知
部署 → 部署	照会状、回答文、回覧文、連絡・伝言、報告書

それでは、文章の内容や構成を工夫するために必要な要素は何でしょうか？　それは文章作成のための「方法」「工夫」「ルール」です。これらを体系的に理解することで**「読み手を納得させる文章」**の作成につながり、さらに文章作成が得意になると思います。

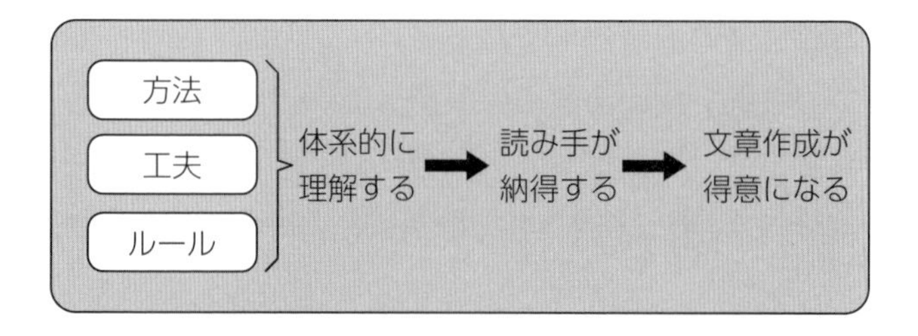

良い報告書の作成に必要な内容

そこで、本章ではこの３要素について解説を行っていきます。

Point

- 「方法」「工夫」「ルール」を体系的に理解し「読み手を納得させる文章」の作成を実践する

Column

理系職の種類

理系職を大きく分けると、研究職、開発職、技術職になります。研究職は「無から新しいものを生み出し」、開発職は「新しいものを大きく発展させ」、技術職は「商品生産を立ち上げる」仕事を担当します。会社組織の中では理系職として連動して仕事を進めることが多くなりますが、専門性や仕事内容が異なるため、共通理解ができる文章を作成する必要があります。

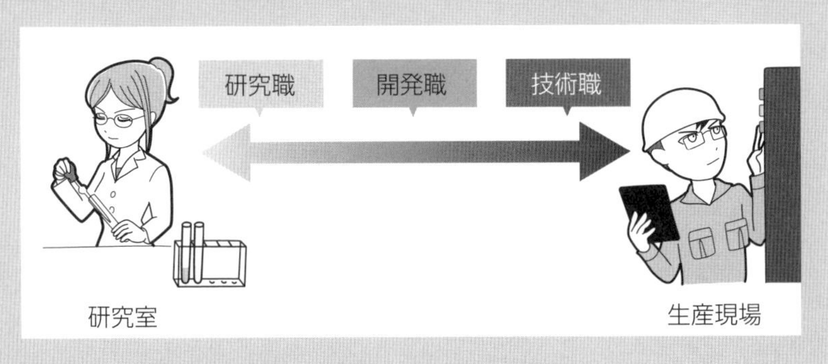

理系職の種類と業務の位置付け

2-2

研究報告を文章にする理由

会社では文章によるコミュニケーションが基本

疑問や心配

「文章でやり取り」するより、口頭でやり取りしたほうが、速く簡単に情報の伝達ができると思います。なぜ文章で行う必要があるのでしょうか。

解決

会社のコミュニケーションは「文章で始まり文章で終わる」という言葉がありますが、基本は令和になった現在でも変わりません。

まとまった報告は文章で提出することが基本

なぜ口頭による報告はあまり行われていないのでしょうか。その理由として、話し手と聞き手の時間的なタイミングや、複雑な内容を伝えにくいなどの理由があります。さらに「言った」「言わない」のトラブルや、微妙な意味の食い違いなどが生じてしまうこともあるかもしれません。このような理由から、会社では文章によるコミュニケーションが基本となっています。

文章と口頭による報告の利点と問題点

	利点	問題点
文章	• 客観的に伝えることができる • 伝える内容を十分に吟味できる • 共有数に制限がない • 上司の業務を遮らない	• 作成者の力量で質が変わり、誤解が生まれる • 緊急的な内容には不向きである
口頭	• 感情を伝えやすい • 効率的で容易に伝達することができる • その場でやり取りができる。 • 相手の業務状況の忙しさを掴みやすい	• 客観的に伝えにくい • 共有数に制限がある • 報告に時間がかかる • その場で回答を考えなければならない

ただし、緊急の場合には口頭によるコミュニケーションを行います。ただ、こういった場合でも、最終的には文章化して報告書を提出し、形に残すことがビジネスの基本となっています。

Point

- 緊急の報告や簡便な報告以外は文章で行う
- 口頭で報告しても、後に文章化して報告書を作成する

2-3
テキストコミュニケーション

メールやチャットを使いこなしましょう

疑問や心配

最近、テキストコミュニケーションという言葉をよく聞きます。理系職でもテキストコミュニケーションは多いのでしょうか。

解決

理系職、文系職にかかわらず、現代の会社内ではテキストコミュニケーションが中心です。以前は「対人」や「電話」などが多くありましたが、現在では「メール」や「チャット」などの文章によるコミュニケーションが多くなりました。場合によっては、近くに座っている人にもテキストコミュニケーションを行うことがあります。これは情報を形に残す、添付でデータを送るなどの利点から習慣づけられています。

疑問にある「理系職では？」ですが、むしろ理系職は昔からテキストコミュニケーションを積極的に取り入れてきました。その理由の一つとして出退社時間のフレックス制度があります。理系職は単独業務を行うため、例えば上司は 8:00 〜 16:00、部下は 10:30 〜 18:30 の勤務時間とします。この例では上司と部下の重複時間は 10:30〜16:00 となり、対面でのコミュニケーションには時間的制約があります。このような制約の解決にテキストコミュニケーションが必要なのです。近年ではテレワークや時差勤務なども広まり、加えて「働き方改革」によって、このような勤務形態はさらに増えています。

フレックス制度

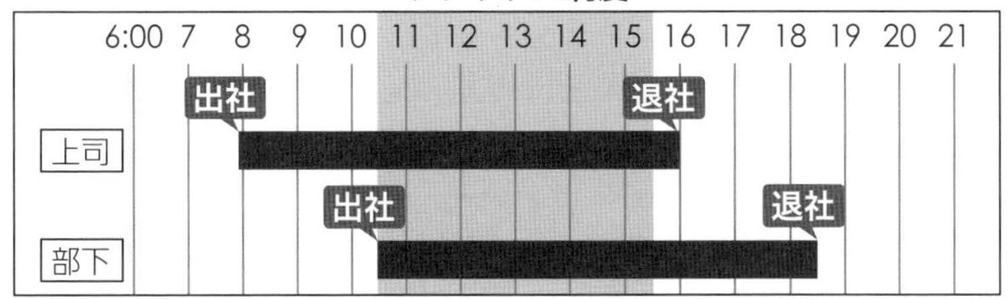

フレックス制度における出退社の違い

多くの新入社員や学生はSNSなどに慣れているため、意識してテキストコミュニケーションを行う必要はないと考えがちです。しかし上述したように、会社ではビジネスに適したテキストコミュニケーションを行う必要があります。プライベートでは単方向のテキストコミュニケーションでも通じますが、ビジネスでは双方向を意識して行わなければなりません。

例えば、「あの実験は、今どこまで進んでいる？」といった立ち話をしたとします。何気ない会話ですが、もし同じ内容をテキストコミュニケーションで送ると「顔色」や「空気感」が伝わらず、内容の真意が伝わらないことが考えられます。テキストを受け取った人は、「クレームかな？」「どの実験？」などと考えてしまうかもしれません。テキストコミュニケーションは容易に送ることができるため、自分がわかっている内容を相手も理解していると思い込んで送ってしまうこともあります。こういったことを防止するためには、相手のことを「理解」し、「共通認識」できる内容を十分に練ってから送信しましょう。

そうは言っても、「考えは書きたいけど言いすぎていないか？」と悩む人もいると思います。このときの対処法として、「アサーティブネス（Assertiveness）」という考えを紹介します。アサーティブネスとは、相手にも配慮しながら自己主張する「相互尊重」で、良好な人間関係を保ちながら自己主張をする方法です。内容を「誠実」「対等」

「率直」「自己責任」に照らして文章を作成し、これを満足させる文章を書くことで、自分の意見や主張を相手が気持ちよく納得してくれるような文章に近づけることができると思います。

アサーティブネスの項目

相手にも自分にも「誠実」な文章	相手を尊重した「対等」の文章
文章作成は「素直」に	内容には「自己責任」を

アサーティブネスを取り入れた報告書を目指そう

例えば研究発表会の資料を作成し、上司に確認依頼をしたものの、なかなか返信がきません。発表日程が近づき催促をしたいときのテキストコミュニケーションでアサーティブネスを取り入れるとすると、「お忙しいところ、恐れ入ります。ご確認をお願いしています研究発表会の資料の発表が迫っております。予定をご連絡いただければ、修正の目処を立てられますので、よろしくお願いいたします」となります。一方で「お願いしている研究発表会の資料の確認はまだでしょうか」や「研究発表会の資料のご確認をお時間があるときにお願いします」では、アサーティブネスの項目に反するため、アサーティブコミュニケーションとは言えません。

会社内でのコミュニケーションが変化している現在では、積極的にビジネステキストコミュニケーションを使いこなし、誤解のない円滑なコミュニケーションを目指しましょう。

Point

- 現代のコミュニケーションはテキストによるものが中心
- 業務で用いるテキストコミュニケーションは「双方向な情報発信」になる。相手を理解し、相互的な信頼や共通認識を構築しておく

2-4
報告書とレポート

報告書には主観を含めず客観的に書きましょう

疑問や心配

初めて報告書を書くことになりました。学生時代のレポートとの違いを教えてください。

解決

「会社の研究報告書＝学生実験のレポート」と思っている人もいるかもしれませんが、これらには違いがあります。レポートと報告書はどちらも「実行内容」を伝えるための文章ですが、レポートは「あなたの考えや解釈」といった主観的な内容を含み、研究報告書は含みません。つまり、内容に主観を含めるかが両者の違いなのです。

ただし、会社によっては報告書に「主観」という欄を設け、作成者の考えも含めることができるようになっていることがあります。もし、そういった欄がなく主観を伝えたい場合は別欄を設けるなど、「これは主観である」といった意思表示が必要です。なお、無意識のうちに主観的文章にしてしまうこともあるため、これを防止する工夫を 2-16 で説明します。

また、学生の頃に書いたレポートは、それを読む人が教員などに限定されることが多かったと思います。そのため、ある程度内容を知っている人が読み手となるため、重要であっても共通認識の内容は省くこともあったと思います。しかし、会社における報告書は異なった部門の人が読むことや、将来にわたって保存されることもあることから、指示がない限り重要な部分の省略は行いません。

レポートと報告書の違い

学生時代のレポート

- 主観的な内容（自分の考えや解釈）を含める
- 読む人が限定されるので一部省略する

会社の報告書

- 主観的な内容を含めない
- 将来に対しても理解できるように詳細に明記する

別の注意点として、報告書が日誌になってしまうことがあります。理系職の場合、研究や開発に対する報告書を定期的に提出することもあり、報告書が、「事象」「見聞」「行動」を時系列的に書くだけの代わり映えのない内容になってしまうことがあります。こういった報告書は、本来書くべき重要な内容を割愛してしまうことにもつながり、報告書の役割を果たさないことになるので注意しましょう。

誤った作成
・内容を時系列に並べる
・作成がマンネリ化する

日誌化 →

結果
・重要な内容が欠如
・会社の財産にはならない

誤った作成により報告書が日誌化してしまう悪い例

- 報告書は主観的な考えや解釈を内容に織り交ぜない
- 主観的内容を書く場合は別欄などにわかるように明記する
- 報告書を日誌にしない

2-5

報告書のためのメモ

記憶はどうしても薄れてしまいます。ヒラメキも記録しましょう

疑問や心配

打合せの際に「メモを取らなくて報告書の作成はだいじょうぶ？」と上司から指摘を受けました。やはりメモは取るべきなのでしょうか。

解決

会話の内容を記憶し、それを元に仕事を行うと後々に大きな問題を引き起こしてしまうことがあります。頭の中でメモを取ったつもりでも、時間が経過した後に思い出そうとして断片的な内容しか思い出せないことや、内容や視点の「ずれ」が生じることがあります。

こういった問題を解決するためには、その場で文章のメモを取ることが重要です。簡単な内容であってもメモを取る癖をつけることはビジネスの基本と言え、結果的に良い報告書の作成につながります。

人間は気になっている課題に対して1日1回は新しいことが浮かぶと言われています。ただし、そのヒラメキは会議の最中や食事中など、時と場所を選びません。さらに人間の脳の構造上、瞬間的にひらめいた思考は、すぐに忘れてしまいます。

例えば、海外の研究者は浴室や寝室にメモ帳を置いているという話を聞きます。これは四六時中研究のことを考えているのではなく、頭がリラックスしたときほどヒラメキがあるので、これを逃さずに書き留めておくためです。

メモの方法は手書きやスマートフォンなどさまざまな方法があります。いずれの場合もメモを取って安心せず、必ず内容を見直すことが重要です。メモを見直すということは大まかな思考を整理することになり、定着した記憶になりやすくなります。

メモの取り方について以下にまとめました。メモは後に見直すことを前提に作成することが重要です。「自分の考えなのだから」と思って適当にメモすると、少し時間が経った後に「何が重要だっけ？」とメモの内容を思い出せないことがあります。このメモの「重要な点は何か？」「何に関係しているのか？」「どのような状況で書いたのか？」などの情報も加えることで、見直しやすくなり「報告書作成に役立つメモ」になります。

メモの取り方の注意点

- メモはいつも携帯し、書くだけではなく読み直す癖をつける
- 気がついたことはメモする
- 箇条書き、図、表などのイメージ化をして確認しやすくする
- 場所、環境、会話の相手、会議名などの情報を加える
- なぜ思いついたか、何に関係した内容かを明記する

Point

- 簡単な内容であってもメモを取る癖をつける
- ヒラメキはすぐにメモに書き留める
- メモは書くだけではなく読み直すことも癖をつける

ビジネス文章の作成基礎

報告書を例にしたビジネス文章の概略を説明しました。それでは早速、作成といきたいところですが、その前に作成法や構成法の基礎について説明を続けます。

2-6

理系職の報告書の作成手順

報告書を書き始める前の基本を知りましょう

疑問や心配

報告書の作成手順の決まりはあるのでしょうか。その注意点などについても教えてください。

解決

会社における報告書は、会社活動の積み重ねを残すための文書であり、会社ノウハウに対して重要な役割を担います。そのため、作成は慎重に行う必要がありますが、限られた時間の中で効率良く報告書の作成を進めたい気持ちもあると思います。

それでは、「報告書を書き始めましょう！」と言いたいところですが、効率的に良い報告書を作成するには、準備、実行、見直しが必要です。これらを十分に理解してから報告書の作成を進めましょう。

文章作成の心構え

例えば、社内で起きたトラブルに対する報告書を作成することになったとします。トラブルだからといって、思いついたことを書いて提出してはいけません。これでは「ずれ」が大きくなることがあり、未来に向けた更なるトラブルを引き起こしてしまう恐れがあります。

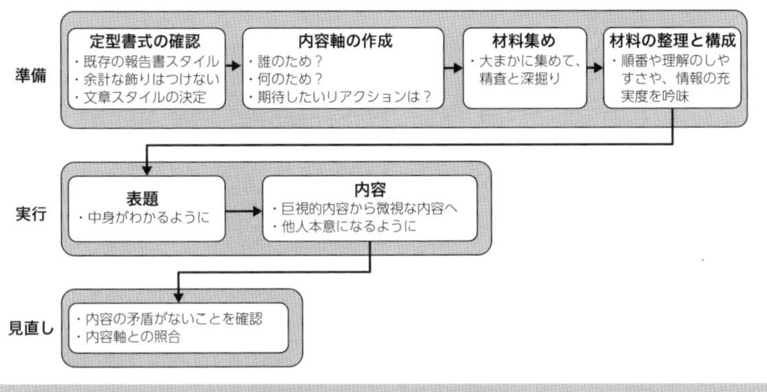

報告書を作成する順番

①　準備

書式の確認

報告書は会社によって多様な様式があるので、ここでは研究報告書の書式を例に説明します。一般的な研究報告書には題名、作成日、提出先、配布先、報告者、報告が含まれています。まずは自社の書式をよく確認しましょう。特に、基本的な書式や書き方の指示がある場合は、これを無視して書くことはできません。

作成ソフト

報告書の作成はワープロソフトや表計算ソフトを使用して作成することが多いと思います。また、最近ではホームページ上で直接書き込んで作成するものも多くあります。それぞれの使い方は本書の範囲を超えるので、各ソフトの専門書や説明書を参考にしてみてください。

一方でソフトによっては文字装飾やさまざまな色、アイコンなどを加えることのできるものもあります。しかし、ビジネス文章では華美な装飾は好まれません。余計な飾りは付けず、既存の報告書のスタイルにしたがって作成しましょう。

構成内容の確認

ビジネス文章は種類によって構成内容が決まっています。例えば、提案書では「共有情報」を前半に書き、報告書では「結論」を前半に書きます。この理由は、提案書は「相手に納得や賛成してもらうこと」が目的の文章で、報告書は「結果を迅速に伝えること」が目的の文章であるからです。このように、構成内容に大きな違いがあるため、慣れないうちは事前に確認してから始めましょう。

さらに、単位、用語、語尾などの統一が取れていない文章は、読みにくい文章になります。書き始める前に、自分の文章書式を決めておくことも重要です。

内容軸の作成

内容の「軸」は「報告書は誰のために書くのか」「何のために書くのか」「どんなリアクションを期待するのか」になります。さらに、「軸」を作ることで論理的で簡潔明瞭（かんけつめいりょう）な文章を作成できます。

次に、ビジネス文章は「他人本位」で作成することが前提ですから、「読み手の視点」「読み手が興味を持つ内容」「読み手のスキル」を明確にします。例えば、読み手が上司なら、「上司の視点（目線）」「上司の興味」「上司のスキル」などを思い浮かべます。

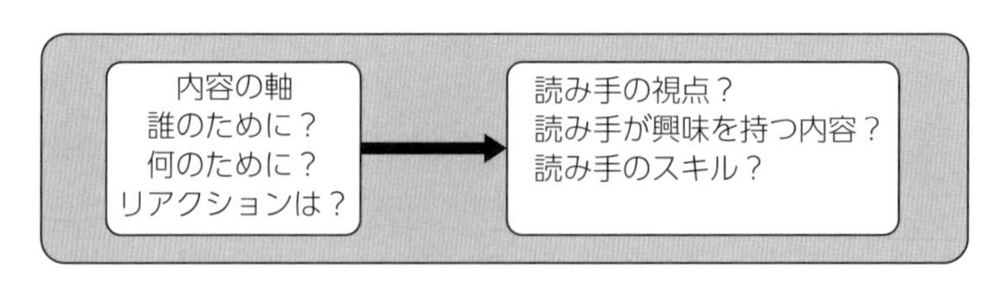

報告書作成のための内容軸

材料を集める

報告書で使用するための資料やデータ、研究報告書では実験データや参考文献などの材料を集めます。材料集めは、論理的に内容をまとめるための絶対条件で、「材料の質＝論理的文章の完成度」です。

材料集めの基礎は「論理的に内容を示すための材料が足りているか？」「相手が求めるものを提示できる材料が揃っているか？」です。

まずは、大まかに材料を集めた後、必要なものを見極め、さらにその必要な材料の深掘りをしていくことをお勧めします。ただ、材料集めを一生懸命やりすぎて、文章の作成がいつまでも始まらない人の話を聞きます。目的は「報告書の作成」であることを忘れずに、「何にどのくらい時間をかける」の時間割を立て、バランスの良い報告書の作成を目指しましょう。

次に参考文献の注意点を説明します。文献を収集していると、自分の研究内容に類似した内容が見つかることがあります。このとき、自分の研究成果の価値が下がることを恐れ、これを隠す人がいますが大きな間違いです。

会社では、研究であったとしても、「独自性より社会や顧客のニーズを反映しているか？」「収益につながるか？」といった内容が重要視されます。したがって、類似の内容は重要な情報源になり、さらにあなたの内容の信頼度も上げるエビデンス（裏付けとなる証拠や根拠。2-12で説明します）とも考えることができます。

材料の整理と構成

材料集めが終わったら、これを整理して、大まかな構成を考えておきましょう。建築物は論理に基づかない図面で建造すると必ず狂いが出ると言いますが、文章も同じと考えてください。例えば、「どのような情報を、どのような順番で伝えるべき？」と論理的に考えながら構成を練り、「読み手が理解しやすいか？」「必要な情報は含まれているか？」「伝える順序は適当か？」と思い描きながら構成を作成してください。また、このときに読み手の知識や専門性なども加味することも忘れないようにしてください。

ビジネス文章は「うまさ」より「構成」と言われています。実際に書き始めると、どうしても内容に「ずれ」が生じますが、構成があれば、ずれ幅を最小限にすることができます。また、研究報告書を書く場合は「概要」「問題」「目的」「方法」「結果と考察」「結論」「参考文献」などの多くの項目で構成されるため、集めた材料をどこで使うかなどの整理をしておくとスムーズに書き始めることができます。

② 実行

次に、報告書の作成方法について説明を進めます。ここでは研究報告書を例として、その各要素の説明を行います。

表題

表題は文書の概要が一目で伝わるように 15〜20 字で具体的に書きます。例えば研究報告書の場合「△△△合成の研究報告」という表題をつけがちですが、一連の研究内容が理解できるように「△△△合成の○○○反応の有効性に関する研究報告」といったような具体的な表題にした方が読み手に親切です。

メールの件名など、これ以外の表題の工夫については 2-22 で説明しています。

内容

内容は報告書の本体です。そのため「巨視的内容（概観）」から「微視的内容（細部）」の順番に記述します。例えば、地図アプリで現在位置から目的地までの検索をしたとき、まず距離、時間、交通手段などの全体像を見ると思います。これが巨視的内容になります。次に、駅までの移動方法や、目的地付近の目印となる建物など、細かな地図内容を確認すると思いますが、これが微視的内容になります。

読み手に研究報告書における「巨視的内容」である結論や研究全体の要旨を把握させることで、内容を始めにイメージしてもらうことが重要です。一方で「微視的内容」とは、研究の目的、実験方法、実施内容、理論、実験データなどを分類整理した内容です。分類整理とは「機能と性能」「物理的特性や化学的特性」「物質別」などのように対比させながら説明することを指します。

次に研究報告書を例に、内容要素の説明をします。

1. 「概要」では、研究内容のエッセンスを短的に記した文章で、報告書の初めに書きます。概要の役割は研究の巨視的内容を理解させるためのものなので、長文で詳細にならないように注意します。
2. 「問題」には、現在や前回までに抱えた問題や課題を、理由や根拠とともに記します。この内容も、「巨視的内容」から「微視的内容」のルールに則って作成を進めます。
3. 「目的」は、仮説や先行事例、既にある考察などを交えて記します。表題、目的、結果がずれている研究報告書をよく見ますが、準備段階のおおまかな構成の矛盾が原因であることが多いようです。
4. 「方法」は、文字通り研究や技術検証の方法を書きます。この研究報告書を読んだ人が、全く同じ研究を再現できるような内容記述が必要です。また、実験器具などの「物」や、操作、特徴、使用理由などの「事」をバランス良く記すことでわかりやすい研究報告書になります。
5. 「結果と考察」では、実験から得られたデータや、その結果から導き出される考察を示します。ここでの注意点は、主観的な考察にならないようにすることです。どうしても予想や主観的な考えを加えたくなるものですが、客観的な内容で考察を書くように心がけましょう。

   ただし、あなたが考えた仮説は主観的な考察とは異なります。研究報告書には「仮説」であることを明記し、その仮説の妥当性や過去の知見などのエビデンスを加えましょう。

   別の注意点として、データの整理によって作成した図や表は、あくまでも文章を助けるための道具です。図や表を載せたからといって、結果と考察の文章を適当にしてはいけません。さらに、図や表のキャプション（説明文）も注意します。文章を読まなくても図や表の内容がわかるように詳細に明記することが重要です。

　結果が多い場合は別紙添付するなどの工夫をすることで、報告書を簡素化し、読み手の負担を減らす工夫をしましょう。

　結果と考察の内容の悪い例として、実験の苦労を内容に盛り込んでしまったり、同じ内容を何度も繰り返してしまったり、まとまりがない構成であったりすることがあります。

6. 「参考文献」は、引用した文献のリストを明記します。引用した文献の書式や該当文章と合っていないと報告書の質が著しく下がります。気を抜かず、決まった書式で統一しましょう。また、参考文献の数が多い場合は別紙添付することもお勧めします。

③　見直し

　報告書を見直すことは非常に重要です。誤字脱字だけではなく、内容が矛盾していないか、自分本位な内容になっていないかなどの多面的な視点で確認します。特に、作成後少し時間をおくと頭の中がリセットされて、思わぬ間違いに気づきます。十分に時間をかけて見直しを行ってください。なお、見直しの内容については 2-24 にまとめたので、そちらを参考にしてください。

　次に、ある会社が実際に使っている研究報告書の作成要項と形式を例として示します。

研究報告書の作成要領（例）

1. 例を参考に、A4 用紙で 3～4 枚に収める。
2. ファイル形式は MS-Word 形式にする。
3. 文字は 10 ポイントに統一する（必要に応じて変更可）。
4. 研究成果、緒言、方法、結果、考察、主観（必要があれば）、参考文献の順で作成する。
5. 図・表・写真は適宜使用する（ファイルサイズが 10 MB 以下になるように工夫する）。
6. 参考文献は本文中の引用箇所の右上に番号をつけ、その内容は文末に一括記載する。
〈雑誌〉著者名、論文題目、雑誌名、年、巻、頁－頁。
〈書籍〉著者名、書名、版数、発行都市名、出版社名、年、頁。

研究報告書の形式例

研究課題名
燃料電池のイオン系電解質溶液の開発

研究者および所属
理科　太郎

研究協力者および所属
社会　二郎

研究成果
① △△△系化合物の合成に成功し、……。
② 既存のイオン系電解質溶液の 2 倍効果を得ることができ、……。

緒言
現在抱えている……。

方法
……。

結果
……。

考察
……。

主観
実験方法の調査を行う上で、……。

参考文献
[1] T. Rika, J. Shakai, ○○○○, J. Fuel cell, 2023, 3, 123–129.

Point

- 準備では十分に材料集めと整理をする
- ルールを体系的に理解し客観的内容で作成を実行する
- 見直しには十分時間をかける

Column

上司が思う悪い報告書の「あるある」

なかなか上司の満足のいく報告書が書けずに苦労しているという話を聞いたことがあります。そこで、上司が「ダメだ」と思う報告書の悪い内容を以下にまとめました。

- 情報不足で結果の正当性が判断できない
- 巨視的内容と微視的内容が混在している
- 複数の結論が含まれていたり、報告事項がなかったりする
- 内容が丁寧すぎてわかりにくい
- 表題と中身が異なる

共通点としては、「読むのに時間がかかりそうだ」「聞きたいことはどこに書いてあるのか」といったストレスを感じそうな内容であることがわかります。

2-7

筋を通す文章

読みやすい文章には「筋」が通っています

疑問や心配

報告書の作成方法がわかりました。次に報告書を読みやすくする工夫を教えて下さい。

解決

読みやすい文章とは、筋が通っていて、一度読んだだけでスーっと頭の中へ入ってくる内容といえます。筋が通っていない文章（混乱した内容）になってしまう理由は、目的が定まっていない、内容が論理的構造になっていない、内容そのものが論理的ではないといった場合が考えられます。

筋が通らない文章になる理由

- 目的が定まっていない
- 論理的文章構造ではない
- 論理的内容ではない

ただ、頭ではわかっていても、そうは簡単には作成できないものです。そこで、筋を通すための方法について具体的な説明を続けることとします。

目的が定まっていない場合

報告書を読む相手が想像できていない、書いている本人が何を伝えたいのかがわかっていない状態で文章を作成しても筋は通りません。これでは、「何が言いたいの？」と読み手は考えてしまうものです。この点を再度整理しましょう。

さらに大事な点は、読み手に「どのようなリアクションを期待するのか」を考えましょう。例えば、「新しい研究プロジェクトを認めてもらいたい！」などの具体的な読み手のリアクションの内容を明確にします。「誰のために」「何のために」「期待したいリアクション内容」を明確にして、これを基本とした文章を作成することで、筋の通った納得できる文章になります。

目的が定まっていない場合の改善方法

- 誰のために作成するのかを考える
- 何のための報告書かを考える
- 読み手に期待するリアクション内容を考える

ただ、いきなり読み手のリアクションと言われても「どのように盛り込めばいいのか……」と思われる人もいると思います。まずは、あなたの希望を明確にしましょう。次に、それらの項目が複数あれば、重複や不要なものを削除しましょう。このとき、あまり欲を出してはいけません。「本当に必要な読み手のリアクションは何か？」と自問して、絞り込みましょう。

リアクションの期待を定めるための手順

手順１：読み手のリアクション内容を書き上げる

手順２：それらを整理する

手順３：文書化する

論理的な文章構造になっていない場合

論理的な文章構造になっていない場合、文章は読みにくくなります。整理されていない文章の読み手は非常に混乱します。しかし、頭ではわかっていても、内容が複雑になればなるほど論理的構造にすることは困難です。

こういった場合に役立つ手法としてマインドマップがあります。マインドマップは頭の中の思考を「可視化」するために考案された手法です。全体を一目で見渡すことができるため、各パラグラフに含まれる項目の連動性を明確にすることができます。

マインドマップの作成法は、中心に整理したい表題を書きます。その後、各要素となる項目を連結させ、この要素に対する論理、思考、連想などの枝を伸ばしていきます。異なった要素どうしも連結できる場合もあるかもしれません。

この作業によって、各要素を整理しながら深掘りできます。さらに多面的な関連性や類似点などを可視化できるので、要素の立ち位置が自ずと明確になります。マインドマップを利用して、ビジネス文章を整理し、無駄のない整った内容にしましょう。

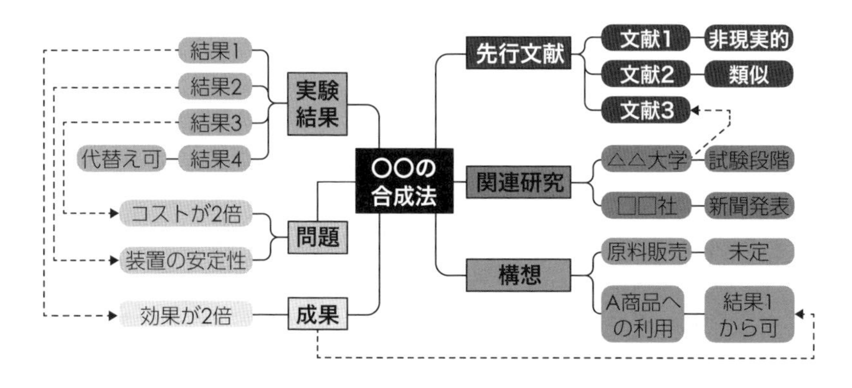

研究報告書を作成するためのマインドマップの例

また、報告書を作成していると、結果にたどり着くまでの経緯として苦労した内容を書いてしまうことがあります。書き手としては苦労話を書いた意識はなく、詳細な経緯をまとめたつもりで、情報を読み手に渡せると考えがちです。ただ、「本当に必要なものは何か？」を考え、自分がたどった複雑な道ではなく、結論から逆引きされた最短ルートを書くことで明快な文章になります。こういった整理にもマインドマップが役に立ちます。

内容が論理的ではない場合

内容が論理的ではない場合の対処法として、内容の論理度を確認するためにロジカルライティングに当てはめて確認をすることをお勧めします。ロジカルライティングとは、論理的にわかりやすく書くことを目的とした手法です。例として、報告書を書くためのロジカルライティングに必要な確認項目を以下にまとめました。他のビジネス文章でも当てはめることができますので、ぜひ利用してみてください。

報告書を確認するためのロジカルライティングの項目

- □ 誰のための報告書ですか？
- □ 何を伝えたいでしょうか？
- □ 読み手のどのようなリアクションを期待したいですか？
- □ 主題が明確ですか？
- □ 主題と結論は合致していますか？
- □ 内容項目にエビデンスが付随していますか？
- □ 行った内容の履歴を書いていませんか？

Point

- 筋が通らない文章の原因は、目的が定まっていない、文章構造や内容が論理的ではないことが挙げられる

構成の
テクニック

　理系職のビジネス文章作りの注意点を説明しました。ただし、ビジネス文章の「構成」には、より深い内容が含まれます。そこで、構成のテクニックについて詳しい説明を続けます。

2-8

日本語文の構造

英語文の特徴を日本語の文章に活かしましょう

疑問や心配

筋を通す文章を作成するために構成の重要性はわかりました。しかし、いざ自分でやろうとすると、なかなか前に進みません。どうしてでしょうか？

解決

なかなか文章作成が進まない理由として、文章の構成の組み立てがすぐに思いつかないのかもしれません。これはあなたに限ったことではなく、文章の構成の組み立てが苦手な人が多いようです。その理由は、そもそも日本語の文章構造が複雑だからと言われています。

この指摘は、今から50年以上前にAnthony James Leggett教授（イギリス）によって報告されています。Leggett教授は「日本語文で構成された論文は、考えのつながりや意味がパラグラフ全体または論文全体を読まなくては明らかにならない」ことを指摘しています。

報告書の役割は「結果を迅速に伝えること」だと説明しましたが、全体を読まないと理解できない報告書では、適切な構成とはいえません。

また、Leggett教授は「Leggettの枝図」を用いて日本語文と英語文の表現の違いを説明します。日本語文の構造は、図(A)に示すように、図の中心横線を文章の主題とし、文章が左から右へ向かって話を進める過程で、それにまつわる理由、説明……が、複雑に枝として分かれ、さらにそれは前進や後進に伸びています。一方で英語文の構造は図(B)のように中心横線から伸びる枝は少なく、また主題と同じ方向へ直線的に伸びています。これは、英語が主題を単刀直入に説明する文章構造であることを意味します。

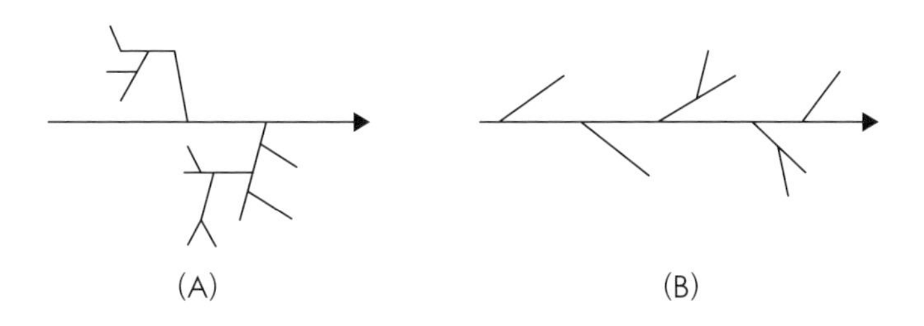

(A)　　　　　　　　　　(B)

Leggettの枝図　左の幹から右へ進む
(A) 日本語文は幹が進む方向とは逆に多くの枝があり多くの分岐もある
(B) 英語文は幹が進む方向に若干の枝と分岐がある

次に、実験の手順を例に日本語と英語の文章構造をLeggettの枝図を用いて説明します。日本語文章の構造は、一文ずつ前後の関係を理解する必要があり、具体的な内容が書かれていない部分もあります。このため、前後関係を理解しながら内容を読み進めます。

日本語文の表現

この実験における、分子の骨格は試薬Aで、官能基は試薬Bと試薬Cで、これらは溶媒中に混ぜます。これらの混合試料を加熱し、100℃から目視観察をします。この混合試料は反応中に有毒ガスの発生があるかもしれません。また、サンプリングはこまめに行います。混合試料の色が青から赤に変わったら、ある程度の反応が終了したと思われるので、目的物質Dを分析して90%を超えたら終わりにします。なお、溶媒は50 mL、試薬A、B、Cは1 mLを用います。

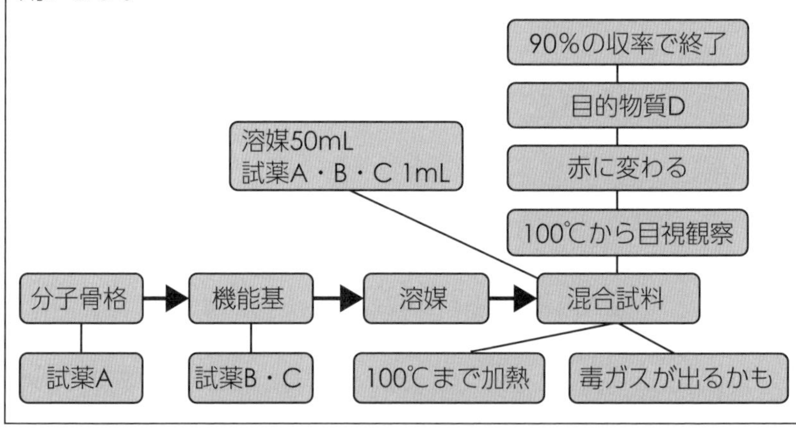

一方で英語文では、主軸が「試薬A・B・C」と「目的物質D」で、これに枝がついています。2-6で「巨視的内容（全体の概念）」と「微視的内容（細かな概念）」を説明しましたが、主軸が巨視的内容と考え、それ以外が微視的内容というように捉えることもできます。

英語文の表現

　この実験では試薬 A、B、C を用いて物質 D の合成を行います。まず、溶媒中（50 mL）に試薬 A（1 mL）、試薬 B（1 mL）、試薬 C（1 mL）をメスフラスコ中で混合し、この混合溶液を 100 ℃になるまで加熱します。混合溶液が青色から赤色に変化したら分析をこまめに行い、目的物質 D の収率が 90%以上になったら加熱を終了します。

　試薬 A は分子の骨格、試薬 B と C は官能基の役割があり、反応中の混合溶液からは有毒ガスの発生があるかもしれないのでドラフト中で行います。

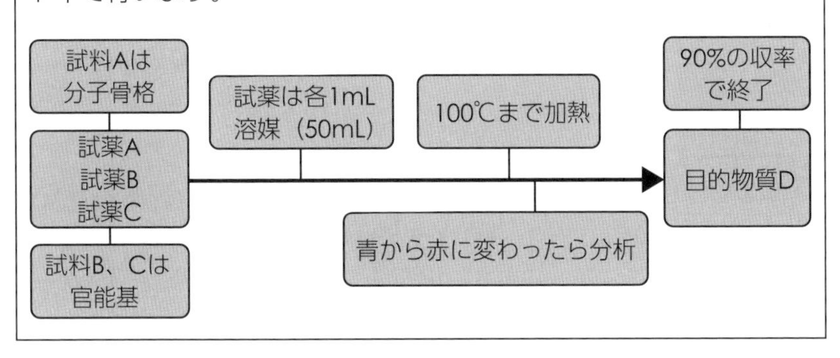

　一般的に、日本語文では「状況説明」「話の空気」「意味の明示」「結論」という流れでパラグラフを構成します。さらに各パラグラフが連動しているため、複数のパラグラフを読み重ねることで、全体像が少しずつ見えてくる構造になっています。このような流れは、読者を次に次に……と飽きさせることなく読ませるための手法で、読んだ後の達成感を感じることができます。

　しかし、報告書で重要なのは達成感ではなく、情報の迅速な伝達です。こういった意味から、単刀直入に主軸で構成されている英語文は、段落ごとに読み切りができ、「要点を掴みやすい」手法であることから報告書には適しています。

　これ以外にも英語文の構造は報告書作成に向いている部分が多くあ

ります。それは「主語述語が明確（2-17 や 20）」「一文が短的にわかりやすく（2-11 や 20）」「表現をあいまいにしない（2-17）」などが挙げられます。いずれも、「要点を掴む」ことにつながります。この機会に、英語文的な文章の作成法を取り入れてみましょう。

英語の文章の特徴

- 各段落が単独の役割をもっている
- 重要なことや結論は先に書く
- 主語述語が明確である
- 一文が端的でわかりやすい
- 表現をあいまいにしない

- 文章の構成の組み立てには英語文の構造を利用する

2-9 重点先行型

読み手のことを考え、速やかに要点を伝えましょう

疑問や心配

　英語文の構造が報告書に適していることがわかりました。ただ英語文の構造の特徴のように、結論を先に書くことに違和感があります。

解決

　報告書の役割は「結果を迅速に伝えること」であるため、「要点」をはじめに伝える必要があります。ただ慣れないうちは違和感があるのも当然です。しかし、ここでは頭を切り替えて、報告書のルールに則って作成をしましょう。

　筆者の経験では、非常に丁寧に書かれた文章でもストレスを感じる報告書を読んだことがあります。例えば、経緯、詳細な結果、展望、個人の意見が時系列に沿って詳細に書かれていますが、筆者が知りたい内容は最後に少しだけ書かれていました。

経緯型と重点先行型の構成の比較

経緯型構成		重点先行型構成
①　経緯	→	①　主題、結論
②　詳細な結果	→	②　詳細な内容、経緯、展望
③　展望	→	なし
④　個人の意見	→	なし

読み手が知りたい内容の多くは、「重要なこと」や「結論」であり、これを始めに書いてほしいものです。このように「重要なこと」や「結論」を始めに書く構成を「重点先行型構成」と言います。

2-6で「巨視的内容から微視的内容へ」の説明をしましたが、この巨視的内容が、ここでいう結論や重要な点と考えればいいのです。報告内容に対する（1）総括を始めに行い、（2）次に話の要旨や根拠をエビデンス（2-12）と共に説明し、（3）最後に類似例や今後の見通しなどを、補足情報として加えます。

重点先行型構成にすると、必要な情報を迅速に伝えられることに加え、読み手が不要な部分を読まなくていいため、読み手の時間短縮になります。例えば、読み手に十分な予備知識があれば、前半さえ読めば必要な情報を得ることができるのです。

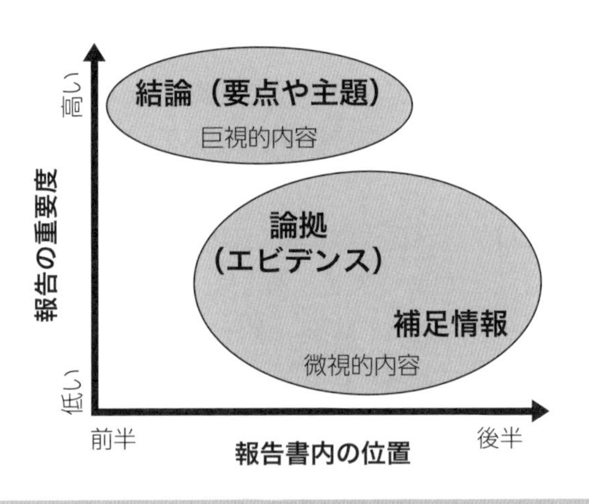

重点先行型構成の文章構成（重要度や位置）のイメージ

また、若手社員に「報告書を書く際に一番困るのは何ですか？」と質問をすると、書き始めに時間がかかるという回答が多くあります。この悩みにも、重点先行型構成であれば、重要なことや結論から書き始めることができるため、その道筋は考えやすくなります。

重点先行型の身近な例として、新聞の報道記事が挙げられます。例えば事件を扱った記事では、リード文を読めばこの事件の概要がわかり、次にさまざまな角度から事件を眺める記事が続きます。重要なことほど前に書かれているため、途中で読むことをやめても要点は伝わり、さらにあまり偏らない情報を得ることができます。

また、あなたが重点先行型に慣れてきたら「PREP 法」も試すことをお勧めします。PREP 法は、最初に結論や要点を述べてから、次に結論に至った論拠、さらに具体例をあげて、最後にもう一度、結論を述べるという構成です。具体例をあげて説明するため理解度があがり、最後に結論を念押しすることで、結論のイメージを残しやすい効果があります。

PREP 法

- P（Point ＝結論）「結論は～ということです」
- R（Reason ＝論拠）「その理由としては（なぜなら）……」
- E（Example ＝具体例）「具体的な例として……」
- P（Point ＝結論）「したがって、結論は～です」

Point

- 重点先行型構造は書き手にとって違和感があっても、読み手にとっては親切につながる
- 重点先行型構造は「巨視から微視へ」の考えに合致する
- 重点先行型構成の作成に慣れたら PREP 法を試す

納得させるための重要項目

次に、読み手が納得するための重要項目を説明します。これには読み手の心理を考えて、それに寄り添う文章を作成することが肝要です。本章ではこのためのテクニックを説明します。

2-10 必要な内容がない

丁寧なことは大事ですが、報告書では内容が一番重要です

疑問や心配

報告書を提出すると「必要な内容が含まれていない」と指摘を受けました。丁寧で詳細な報告書を書いたたつもりですが、何が悪かったのでしょうか？

解決

読者の中にも上司から同じ指摘を受けたことのある人がいるかもしれません。公益財団法人日本漢字能力検定協会の統計によると、部下から出されたビジネス文章に対して、84.5%の上司がストレスを感じており、「必要な情報が欠けている」が主な理由のようです。したがって、この指摘は新入社員が報告書で上司に指摘される定番のようです。

部下の文章でストレスを感じる原因トップ5

1位　読み手が必要とする情報が欠けている
2位　適切な語彙・表現を選んでいない
3位　文に無駄が多く長い
4位　筋道立っていない
5位　手直しに時間と手間がかかる

出典：公益財団法人 日本漢字能力検定協会
https://www.kanken.or.jp/bunshouken/topics/data/pressrelease_20220302.pdf

それでは、なぜ必要なものが欠けてしまうのでしょうか。まずは「必要な情報の欠如」です。いくら完璧な報告書を作成しても、読み手が必要なものを考えて含めなければ意味がない報告書になってしまいます。読み手には必要な情報があることを理解し、自分本位の内容にならないようにしましょう。

一方で読み手が必要とする情報を「誤って解釈」していることもあります。特に理系職の人は「上司の指示が何となくしか理解できていないが、その場の空気を読んで、上司にはより詳しく質問をしないようにしている」という話を聞きます。また、自分は必要な情報を把握していると勘違いしていることもあります。さらに、必要な情報を理解して文章を作成しても、いつの間にか内容の軸がずれてしまうことがあります。

例えば、上司から「我が社の製品にSDGsの考えを取り込むための研究を立案してほしい」と指示を受けたとします。まずは基本知識を得ようとSDGsについて深く調べているうちに、内容がSDGs中心の報告書を作成してしまうことがあります。

上司は「自社製品＋SDGs」が知りたいわけで、SDGsの説明は予備の内容にすぎません。まずは、読み手が必要とする情報を明確にし、この軸をずらさないように文章を作成しましょう。

あなたが良いと思っている文章は上司が必要とは限らない

ただ、読者の中には「丁寧で詳細な文章の何が悪いの？」と思う人もいるかもしれません。しかし、それは書き手の主観であり、読み手からすると、多くの詳細な説明が知りたいことの理解をしにくくするための「ノイズ」にしかなっていない場合もあります。

例えば、第二次世界大戦中に元英国首相のチャーチルが政府各局員長に出した指示書では同様なことが書かれています。チャーチルは報告書を「ごく短時間」で「情報が伝わる」ように作成してほしいと指示を出しています。あくまでの読み手が満足できる内容を目指すことを念頭に置いて文章作成を行わなければなりません。

元英国首相チャーチルが政府各局員長に宛てた指示書

われわれの職務を遂行するには、大量の書類を読まねばならない。その書類のほとんどすべてが長すぎる。

時間が無駄だし、要点をみつけるのに手間がかかる。

同僚諸兄とその部下の方々に、報告書をもっと短くするようにご配意ねがいたい。

i）報告書は、要点をそれぞれ短い、歯切れのいいパラグラフにまとめて書け。

ii）複雑な要因の分析にもとづく報告や、統計にもとづく報告では、要因の分析や統計は付録とせよ。

iii）正式の報告書でなく見出しだけを並べたメモを用意し、必要に応じて口頭でおぎなったほうがいい場合が多い。

iv）次のような言い方はやめよう：「次の諸点を心に留めておくことも重要である」「……を実行する可能性も考慮すべきである」この種のもってまわった言い廻しは埋草（うめくさ）にすぎない。省くか、一語で言い切れ。思い切って、短い、パッと意味の通じる言い方を使え。くだけすぎた言い方でもかまわない。

出典：木下是雄：『理科系の作文技術』（中央公論新社、1981）より引用

Point

- 丁寧で詳細な報告書と、読み手が必要な情報を含んだ報告書は別のものである
- 書いていくうちに内容の軸が揺れ動かないように十分に注意する

Column

実験報告書のストレス

研究報告書における上司が感じるストレスの原因は、大きく分けると「形式」と「内容」に対するストレスに分けることができるようです。さらにこれらの中で大きな原因を5つ示しました。自分の研究報告書がこれに該当しないように確認してみてください。

形式に対するストレス

- 箇条書きの位置や内容が不揃い
- 単位の表記が半角と全角で混ざっている
- 単位が一致していない
- 文献が一致していない
- 赤字や下線が多い

内容に対するストレス

- 主語がわからない
- 略語を使わないので文章が長すぎる
- 肯定を表す二重否定
- 情報源が示されていない
- 図の説明が不十分

2-11
スリムな文章

読み手が必要な情報を考え、不要な情報は削りましょう

疑問や心配

必要な内容に対する注意点がわかりました。ただ、単刀直入な文章を作成するには、内容をどのくらい割愛したらいいかの指標を教えてください。

解決

単刀直入に書きすぎるとメモになってしまうし、それ以上だと書きすぎている気もするし、なかなか判断がつかないものです。この問題の解決には、読み手の予備知識度（リーディングスキル）を考える必要があります。

まずは、読み手が必要としている内容をすべて書き出し、そこへ説明のための支持文を加えます。さらに、読み手の専門、指示の経緯、関係、その他に対する予備知識度を考え、不要なものは削ります。

内容の長さを精査するための方法

- 読み手が必要なものやその説明を明確にする
- 読み手の予備知識度（リーディングスキル）を考える
- 不要なものは削る

それでは具体的な削り方について、以下の報告メールを例として説明をします。この内容は上司に頼まれてISBN（出版物などの識別コード）を新規に取得した担当者から上司へ送った報告メールとします。

XXX 課長
　ISBN 番号、2007 年 8 月に購入した 100 本を使い切り、ご相談の上 100 本を購入いたしました。(33,000+Tax で 36,300 円) - 手数料がかからないコンビニ払い選択その後、以下のメールが到着していたのですが、メールにある「受領書」がいつまでも郵送されず？？？でいたところ、A 社から、「日本図書コード管理センターからの郵便物が到着している」という連絡が入りまして、こちらにご転送いただくこととなりました（こちらの住所も登録していたのですが、代表に送付されるシステムだったようです)。先方に問い合わせなくてよかったです。
　これまでは、出版社番号が　以下のように XXYYYY だったのですが ISBNAAA-B-CCCCCC-DD-E になります。秋から新しい ISBN の使用を開始しますが、出版社番号が AAAA に変更となることがこの連絡でわかりました。出版社番号は永久に同じと思っていたのでびっくりしています。
　受領書は、PDF 版でご送付いただけたので、本日記入し、提出して購入関係の手続きを終了しておきます。　　以上ご報告まで。

　一見すると、丁寧に書かれた内容ですが、このメールを受け取った上司は、既に金額や新番号に変わる点、時期などを理解した上で指示を出しているとすると、ほとんどの内容が不要な文章と言えます。それだけではなく、主観的な内容も含まれています。そこで、受け取った側からの視点で報告メールを書き直してみます。

XXX 課長
　指示により購入いたしました ISBN の新番号が届きました。予定通り 10 月号から新しい番号を使用いたします。購入事務手続きと支払いは本日進めます。
　以上ご報告まで。

この報告で重要なのは

- ISBN の新番号が届いたこと
- 予定通り 10 月号から使うこと
- 購入支払いを進めること

です。多くの既知の情報を含めることは、一見親切なようですが、これは作成者の経緯が書かれているだけで読み手からは不要です。

必要以上に長い文章を作成してしまう原因は、書き手が読み手の要望、心理、状況が理解できていないことです。場合によっては、自分の仕事意欲が高いことをアピールするため、細かく書く人がいますが、それは逆効果です。読み手のおかれている状況を考えて、読み手を理解した上で文章の作成を心がけましょう。

文章を長く書いてしまう理由

- 読み手の要望、心理、状況が理解できていない
- 伝えたい内容がぼやけていたり、情報が足らない
- 文章を切る場所がわからない

自分の伝えたい内容がぼやけている場合や、情報が足りない状態で文章を書き始めた場合も同様です。この場合は、伝えたい内容の軸が揺れ動くため、まとまりのない文章を長々と書いてしまいます。

文章をどこで切ったらいいのかがわからない場合も考えられます。一文が長い文章は、読み手の思考に切れ間を与えず、結局なにが言いたいのかがわかりづらくなります。特に、長い文章の中に「が」を使

うと、文が転回するので思考を働かせなければなりません。長い文章で、さらに「〜が、〜で、」がある場合は、「〜です。〜ました。〜でした。」と短く切ることを心がけましょう。

ただ、目的は「短い文章」ではなく、短時間でわかりやすく「伝えること」です。必要なもので構成された筋が通った文章であれば、必ずしも長さにこだわる必要はありません。

Point

- 長い文章を書いてしまう理由は、読み手の要望、心理、状況が理解していない、内容がまとまっていない、文章を切る場所がわからないなどが挙げられる

Column

「は」「が」の使い分け

主語には「は」や「が」の助詞をつけますが、報告書においてこれらの違いはなんでしょうか。例えば次の文書を受け取ったとします。

文章1：新製品の製品Aという車載部品の金型は、明日から工場に納品されます。
文章2：明日から製品Aが薬の原料として販売します。

どちらの文章も違和感を感じます。これは助詞の使い方に問題があり、「は」と「が」を逆転することで解消できます。使い方のルールとして、主語が未知のときは「が」を、主語が既知のときは「は」を使います。こうすると、文章の違和感がなくなります。

2-12
エビデンス

情報の根拠を定量的に示して信頼性を向上しましょう

疑問や心配

単刀直入な文章は、その内容の信頼性が低くなってしまう気がします。それでも短くするべきでしょうか。

解決

文章を単刀直入に書いたとしても、信頼性の有無には関係しません。これは別物なのです。文章内容の信頼性はエビデンス（裏付けとなる証拠や根拠）で決まります。研究報告書を例にすると、あなたが書いた結果や考察の信頼性を向上させるには、データや文献などのエビデンスを付け加えます。

読者の中には「エビデンスを加えるなんて大変そうだ」と思う人もいるかもしれません。ただ、エビデンスは書籍や学術論文だけではなくインターネットからも収集することができるので、隙間時間を利用して、効率良く多様なエビデンスを入手してみてください。

一方でインターネットからのエビデンスは信憑性の低いものも多いため、よく精査しましょう。またエビデンスの掲載には、出所や文献情報などの明記も必ず行いましょう。これらの情報がないと、読み手がエビデンスの信頼性を判断することができなくなります。

また、研究報告書では実験や分析のデータをエビデンスにすることもあります。例えば、以下のような研究報告書があったとします。

信頼性が低い研究報告書（一部）

○○○の合成を行うために、試薬 A を 90～120℃（5℃刻みで）の温度範囲で、合計 7 種類の異なる実験を行った。その結果、115℃で加熱すると最高収率（51%）が得られた。したがって、実際に工場で生産を行うには 115℃で反応を進めることが最適である。

この研究報告書では、最適な合成温度が 115℃であることを主張していますが、90～120℃の温度範囲で実験をしたにもかかわらず、その結果の明記がないため、「最適な合成温度が 115℃」の信頼性は低いと言えます。この研究報告書の信頼性を上げるにはグラフや表を使って、90～120℃の温度範囲の結果を比較する必要があります。

また、エビデンスを示さない結論は別の問題を引き起こすことがあります。例えば、先ほどの例で 90℃における合成収率が 49%で、115℃に比べて 2%しか低くなかったとします。確かに最適な合成温度は 115℃であることには変わりませんが、この 2%を許容したことで反応温度を 25℃も下げることができるとも考えられます。

もしかしたら最高収率に重点を置く研究部門に対し、生産部門の人たちは省エネや高温による事故などを懸念するかもしれません。また、営業部門から省エネによる宣伝効果や価格を安くできることにもつながるため 90℃が歓迎されるかもしれません。この例からわかる通り、立場によって重点を置く位置が変わるためエビデンスは読み手に判断を委ねるように加えることが重要です。

次に、エビデンスの選定について説明を続けます。例えば、部品を入手する際に「部品 A を採用」という主旨の結論を述べた提案書を作成したとします。その論拠として、次の二つの文章があった場合、あなたはどちらの文章が高い信頼性を持つと思いますか。

提案書の論拠例

(a) 部品 A・B では、A は他社も採用しており価格も比較的安い

(b) 他社の採用率は部品 A が 73%、B が 15% で、価格も A が @280 円、B が @320 円である

根拠 (a) は憶測で書いているとも受け取れる文章で、的確な判断材料にはなりません。一方で根拠 (b) は定量的（数値や数量）を基準とし内容が含まれているため、判断がしやすい文章と言えます。このようにビジネス文章では、定量的なエビデンスを用いることで信頼性が向上します。

定量的なエビデンスを示すことができない場合は、信頼性や専門性の高い情報源を使用します。以下に信頼性や専門性の高い情報源をまとめたので、参考にして利用してみてください。

信頼性や専門性の高い情報源

- アンケート調査・研究結果・業務実績などの数値データ（自社または信頼性の高い会社や団体、政府、公共機関、大学、テレビ、新聞が実施したもの）
- 関係者や体験者の意見や感想（サンプル数が多いことが前提）

Point

- エビデンスが信頼性を向上させる
- データをエビデンスにする場合は定量性を、そうでない場合は信頼性の高い情報源を使う

見やすさを向上させる

　小さな字が密に詰まった書籍を見ると、難しそうな本という印象を受けませんか。難解な内容でなくても、見た目の印象が「難解そうだ」と心理を動かしてしまうことがあります。「見やすさ」を工夫することで、入り込みやすい文章を作成しましょう。

2-13

取っ付きやすさの工夫

漢字のバランス、箇条書きや図表も活用しましょう

疑問や心配

自分の研究報告書を見直してみると、なんとなく「取っ付きにくさ」を感じます。筋は通っていると思うのですが、ストレスなく読める文章ではない気がします。

解決

2-7 で説明をした「文章の筋を通す」内容も取っ付きやすくする工夫につながりますが、それ以外にも注意点があります。辞書を引くと「取っ付き」という言葉は「物事の始まり」という意味であることがわかり、「取っ付きにくい」とは「取り掛かりにくい」ことになります。文章のスタートから「読みにくそうだ」というイメージを持ってしまうと、心理的に読みたくないというブレーキがかかり、報告書を見る目が変わってしまいます。

例えば、漢字、ひらがな、カタカナの使用量のバランスが悪いと「読みにくそうだ」と圧迫を感じてしまいます。特に漢字が多い場合はこの傾向が強く出るため、この一部の漢字を「ひらがな」に変えてスッキリした見た目に変えることをお勧めします。また、文中の一部の漢字だけを、ひらがなに変えただけでは、逆に違和感を感じることもあるため、その漢字はすべてをひらがなに変えましょう。

ただ、「バランスと言われてもどうすればいいの？」と考える人もいると思います。明確なルールはありませんが、例えば形式名詞、補

助動詞、接続詞、副詞、副助詞、接頭語、接尾語をひらがなで書くことをお勧めします。そこで、ビジネス文章で使われやすい漢字を以下にまとめたので参考にしてください。

漢字からひらがなに変えることで複雑なイメージを回避できる文字の例

漢字	ひらがな	漢字	ひらがな	漢字	ひらがな
例えば	たとえば	最も	もっとも	出来る	できる
更に	さらに	尚	なお	至る	いたる
予め	あらかじめ	又	また	是非	ぜひ
必ず	かならず	何故	なぜ	様々	さまざま

一方で英語をカタカナで記すことは、その言葉に注意を引きやすくなりますが、ビジネス文章には不向きとも言えます。ビジネス文章で使われやすいカタカナを以下にまとめました。必要に応じて、日本語に直して使用してみてください。

ビジネスで使われる主なカタカナ用語

カタカナ用語	日本語
アサイン（assign）	任命する、割り当てる
アジェンダ（agenda）	協議事項、検討課題、協議日程
アウトソーシング（outsourcing）	外部委託、海外調達
ガバナンス（governance）	会社の内部統制
コミットメント（commitment）	責任を伴う約束、公約
ソリューション（solution）	問題解決の方法
プライオリティ（priority）	優先順位
ローンチ（launch）	サービスの開始、新規の Web 公開

理系職の場合、読み手の専門性を考えて用語を選ぶことも必要です。また、専門的な内容を長文で書くのではなく、箇条書きで表すことで圧迫感を減らし、読み手の思考的負担を減らしましょう。図や表を使って視覚的に理解しやすくし、取っ付きやすい印象も与えましょう。

箇条書きで取っ付きやすさを向上させる工夫

文章だけで表現した例

この実験により、接着速度が2倍になり、原料価格を75%削減でき、色バリエーションを8種類に増やすことが可能になり、運送の梱包を40%小型化できる利点があることがわかった。

箇条書きを取り入れた例

この実験から、以下の四つの利点があることがわかった。

- 接着速度が2倍
- 原料価格を75%削減
- 色バリエーションが8色に増
- 運送の梱包を40%小型化

ただこのように説明したとしても、文章に使う言葉にはさまざまなものがあり、実際には言葉や漢字の使い方に迷ってしまうものです。この場合は、用字用語の辞典を引くことで、適切な文字やことばの使い方を参考にすることができます。

Point

- 漢字、ひらがな、カタカナのバランスを考える
- 箇条書き、図、表を利用して、視覚的に理解しやすい工夫をする
- 迷ったときは用字用語の辞典を参考にする

2-14

見通しが良い文章

文章に「看板」を立てて見通しを良くしましょう

疑問や心配

漢字、ひらがな、カタカナのバランス、箇条書きなどを利用して報告書作成しました。ただ、会議でこれを配布資料として説明を始めると、参加者が報告書ばかり読んでいて説明を聞いていない気がします。何か原因があるのでしょうか。

解決

「読んでばかりいる」ということは、それだけ内容に興味があるのだと思います。一方で、話を聞いてくれないのは、あなたの報告書は「先が見えない文章」で書かれていて理解しにくいことが原因かもしれません。読み手が初めて知る内容で構成された報告書の場合、さまざまな補助を加え、わかりやすくする配慮が必要です。

これには例えば文章に「看板」を加えることで、読み手が未知の内容を予測できるようにします。

この「看板」の一つとして「**トピック・センテンス**」があります。トピック・センテンスとは冒頭文のことで、一つのパラグラフに含まれる内容の概要を表す文章です。トピック・センテンスの作り方は、What（内容）とWhy（根拠）を意味する文章をパラグラフの冒頭に加えることです。読み手はトピック・センテンスを読むだけで、後につながる内容の予想がしやすくなります。さらに、他のパラグラフに対する関係性も理解しやすくなる利点もあります。

次の部屋に看板がないので予想がつかない

トピック・センテンスを用いた簡単な例を以下に示します。

トピック・センテンスがない文章

〇〇〇〇の合成は画期的な試薬であるが合成法が難しく、成功させた事例はない。…これをやる価値はあると思う。

トピック・センテンスを付けた文章

製品 A を安価にするために〇〇〇の合成をプロジェクト化したい。〇〇〇の合成は画期的な試薬であるが合成法が難しく、成功させた事例はない。…これをやる価値はあると思う。

ただ、トピック・センテンスの使用には慣れが必要で、間違った利用をしてしまうこともあります。そこでトピック・センテンスが適切であることを確認する方法を説明します。

まずはトピック・センテンスだけを拾い読みしても、文章の流れが理解できるかを確認します。理解できない場合や何か気になる場合は、もう一度内容を再考するようにしてください。

次に、トピック・センテンスがパラグラフの内容を表す要約文になっていることを確認します。そうでない場合はトピック・センテンスの役割を担っていません。最後に、トピック・センテンスの内容がパラグラフにすべて含まれているかを確認します。もし、そうでない場合は、パラグラフの看板になっていないことになります。

別の看板として、「未知」の内容を書く前に、「既知」の内容を書き加えておくことで、読み手に心の準備をさせる方法があります。読み手は既知の内容を手がかりに、その先の未知の内容の展開を予想できます。人間は「既有(きゆう)知識に基づいて新しい知識を獲得し、物事を理解する」ことが知られています。

たとえば、「マイクロ波化学を使うと反応速度が2倍になった。これにより生産性が……」という文章を読んだ人が、「マイクロ波化学とは？」と思う人もいるかもしれません。そこで、「化学合成の熱源として電子レンジなどで使われているマイクロ波加熱を使って実験を行った。マイクロ波化学を使うと反応速度が2倍になった。これにより生産性が……」とすると未知の内容を既知の内容で補うことになります。また、「反応速度が2倍とは？」に疑問を持つ人もいるかもしれません。これには「…マイクロ波化学を使うと既存のヒーター加熱に対して反応速度が2倍になった。…」を補足の文章として加え理解度を向上させましょう。このように、既知の内容で未知の内容を補うことを「比較オーガナイザー」と言います。

比較オーガナイザーとは「先行オーガナイザー」の一つで、先行オーガナイザーとは新しい内容に対して、あらかじめ既知の概略を先に提示することで、すでに知っている情報に関連づけて、理解を促すことができるという考えです。これ以外にも「説明オーガナイザー」「図式的オーガナイザー」があります。説明オーガナイザーは、主要な内容に対する概要で、大枠を連想させるために使用します。図式的オーガナイザーは、内容の要素を整理して図解などをすることで、視覚的に理解させることができます。

こういった方式は便利なので、ぜひ活用してみましょう。

先行オーガナイザーの種類と説明

- 比較オーガナイザー：既知の内容で未知の内容を置き換えて連想させる
- 説明オーガナイザー：主要な内容に対する概要で大枠を連想させる
- 図式的オーガナイザー：要素の整理と図解などで視覚的に理解させる

ただし、先行オーガナイザーは読み手の予備知識や忙しさに合わせて使い分ける必要があります。すでに情報や結論がイメージできている読み手に先行オーガナイザーを使ってしまうと、逆に回りくどい文章になり、読み手はストレスを感じるかもしれません。

また、文章の合間でも、ちょっとした「看板」を加えることで内容がわかりやすくなります。その「看板」は「接続詞」です。接続詞は文と文、パラグラフとパラグラフの間の論理関係を明確にする効果があります。ただし、接続詞を使いすぎると文章を読むテンポが悪くなり、読みづらくなってしまうので注意してください。

看板のための接続詞とその用途項目

接続詞	用途項目
ゆえに、したがって、そこで、その結果	前文が後文の論理的根拠
なぜなら、その理由は、ただし、その際	後文が前文の論理的根拠
つまり、すなわち、例えば、具体的には、一般的に、特に、なかでも	言換・例示
また、および、同様に、第一に	並列・並立
または、あるいは、もしくは	選択
一方、他方、しかし	対比
さらに、なお	添加・累加
しかし、だが、それに反して	逆接

Point

- 文と文、パラグラフとパラグラフの間に看板をつけることで、先を見やすくする（予測度を上げる）
- トピック・センテンスや先行オーガナイザーを用いることで、次の内容の予測度を上げる

Column

格助詞に気を配ろう

「てにをは」という日本語特有の表現があります。これは助詞、助動詞、格助詞、接尾語などを含めた言葉の総称で、ビジネス文章において問題を起こすことがあります。例えば以下の例を読んでどのように感じるでしょうか？

その機械でいいです　　または　　その機械がいいです
データは正確です　　または　　データが正確です

たった1文字の違いですが、その意味や読み手が感じる思考が変わってしまいます。「で」は他の機械でもよかったという不透明性を持っていますが、「が」はこの機械が良いという断定性を持っています。また、「は」は他のものと比較して正確であると客観的に述べていますが、「が」は「データ」という主語を強調しています。

他人本位な文章を目指す

ビジネス文章について理解が進んだと思います。次に、「読み手を納得させるための」を実践できる文章を目指すため、他人本位な文章を作成するための注意点を説明していきます。

2-15

事実と意見

事実と意見を適切に使い分け、ときには組み合わせましょう

疑問や心配

上司から「意見はいいから、事実を書いてくれない？」と言われ、別の書類では「事実はわかったけれど、意見はないの？」と指摘を受けました。どうしたらいいのでしょうか？

解決

このような指摘をされたら「本当にどっちなの？」と思ってしまいますよね。おそらくあなたが書いた文章の中に「事実」と「意見」が混在していることが原因だと思います。

まずは事実と意見の違いを理解しましょう。事実とは、現実にある事柄や内容を指します。一方で意見とは、ある問題に対する主張や理論を持った考えの内容を指します。例えば、「エリザベス二世はイギリスの女王だった」という文章は事実で書かれていますが、「エリザベス二世はイギリスの偉大な女王だった」という文章は「偉大な」という言葉が入ったので意見になります。

それでは、この事実と意見を研究報告書に当てはめた例を用いて説明します。例えば、すべての内容（緒言、方法、結果、考察、結論など）は事実を書きます。一方で仮説や将来構想などの予測を書く場合は、エビデンスとともに意見を加える事ができますが、これは意見であることを明確にする必要があります。

次に、事実と意見を混乱して使わないようにするための方法を説明

します。まずは、事実の確認法として、広域ではなく特定に、抽象でなく具体で記しているかを確認します。また、中には結果を判定できないことも多くあります。この場合は「〜と考える」「〜のようです」「〜と思われます」は主観的な表現の末尾となり、文章に責任が感じられなくなってしまいます。そういった場合は「〜と考えられる」「〜と推測される」「〜と予想される」といった自分の考えに基づいた末尾に変えましょう。一見すると「〜と考える」と「〜と考えられる」は同じようにも思えます。しかし「〜と考えられる」は事実に基づいて分析や考察した結果の結論という意味を明示した末尾になります。

さらに、「便利な」「優れた」などといった主観に依存する修飾語も意見にする用語になります。加えて、よく忘れがちですが、敬体（〜です、〜ます）を使ってしまうと意見と思われてしまうことがあるため、常体（〜だ、〜である）を使うようにしましょう。

意見ではなく事実を書くための注意

- 具体的に事実を記す
- 必要なものだけを書く
- 伝聞や推測の表現は使わない
- 主観に依存する修飾語を使わない
- 敬体ではなく常体を使う

一方で事実と意見を組み合わせて使うことで、相乗効果を得ることもできます。次のページに組合せのルールをまとめました。使い方を理解してみましょう。

事実と意見の組合せ方

組合せ 1

過去から現在までの内容を具体的事実で説明し、未来の内容を意見で説明する。

悪い例：前回に続き行った実験では良い結果が得られ、この方法を続けることが最良であることがわかった。

良い例：前回から続けてきた実験の結果から、現在まで検討してきた実験の中で最も高い収率（82%）が得られた。そこで、この方法における最適反応時間を検討することを次の検討項目として考えている。

組合せ 2

事実の上に論理的に導き出した意見を重ねる。

悪い例：その反応は 2 時間で終わり、非常に速い方法であることがわかった。

良い例：その反応は 2 時間で終わり、前回の方法より 1 時間短縮できたので、非常に速い方法であることがわかった。

Point

- 基本的には事実で構成し、必要な場所で意見を使うが、これは明確に分ける

2-16

主観的文章

報告書に「主観」は禁物。主観的な意見は別枠を設けましょう

疑問や心配

ついつい、主観的な文章を研究報告書に加えてしまうことがあります。どのように防げばいいのでしょうか？

解決

まずは主観的と客観的の違いから説明します。主観的とは、書き手の個々の視線、感覚、志向性などの「思考」です。一方で、その対語である客観的とは、人の共通認識、実験データ、根拠、経験などの根拠を持った「事実」です。

サプリメントの紹介を例に説明します。主観的な紹介では、想像を掻き立てるような内容が感じられますが、客観的な紹介では信頼性が高い内容に感じられます。この例からわかる通り、実験事実などの文章には客観的な文章が適当です。

サプリメントの紹介を例にした主観的または客観的な文章表現の比較

主観的な文章表現	客観的な文章表現
痛みが治る！	○○成分が△△ mg 配合されている
よく売れている！	2022 年に累計○万個売れた

次に、報告書の例を説明します。例えば研究報告書における実験方法では、主観的は「思考」による表現で、実験をした人の考えが文章

になります。一方で客観的は「事実」が文章になります。客観的では内容に書き手の思考が含まれず、ありのままの内容であることから、読み手によって内容がずれることはなくなります。

研究報告書の実験方法における主観的または客観的な表現内容の比較例

主観的な表現内容	客観的な表現内容
数分後に	125 秒後に
水溶液を若干添加した	水溶液を 25 mL 添加した
温度が少し上昇した	温度が 2℃上昇した
水溶液 A、B、C を混合した	水溶液 A と B を混合した後に、C を混ぜた

報告書には客観的事実を書けばいいと頭ではわかっていますが、実際にはそうはうまくいかないことが多いようです。例えば、理系職特有の文章である研究報告書では、研究を行った内容を報告するものですが、そもそも研究とは「主観的」に進めることが多いため、その内容を客観的に文章化することは難しいものです。

また、サプリメントの例からもわかるように、客観的表現だけでは読み手の心に響かず、思考の伝達以上にならないことも多くあります。そこで、「現在までの問題や課題」「将来構想」「未解決な疑問」には主観的表現を最低限用いて、あなたの考えを伝えることにします。これには「私は」「筆者は」といった主格となる文章や、別に「主観欄」を設けることで区別をするようにしてください。

ここで注意点についても触れておきます。主観的な表現を客観的な表現に見せるために、無理に語調を強めたり、断定的に意見を述べたりすることで擬態させている文章を見ることがあります。これは事実を曲げることにもなるため、行うべきではありません。

Point

- 客観的な文章を用いなければ事実の伝達はできない
- 主観的表現を使う場合は必ず区別をする

2-17
あいまいな表現

「あいまい」に感じる表現を知りましょう

疑問や心配

報告書は客観的な事実を基礎とすることがわかりました。それを心掛けて報告書を具体的に作成しようと思いますが、作成した報告書を見直すと、あいまいな表現と思われる箇所が多く見つかります。作成段階であいまいさを防止する方法はあるのでしょうか。

解決

感情やあいまいさが含まれない、いわゆる揺らぎのない文章は書き物としては物足らなさを感じます。しかし、あいまいな表現は読み手の主観によって事実の誤解を招くため、報告書で使うことは禁物です。

例えば、読み手が研究報告書の実験方法を読んで「薬品 A を容器に混ぜてから薬品 B を混ぜる解釈でよさそうだな」といった憶測で判断してしまうと、大きな事故につながるかもしれません。

それでは、研究報告書におけるあいまいな表現の原因を説明します。あいまいな表現は「緩衝表現」「主語抜け」「複数解釈」「広域な表現」などの文章が含まれることが原因です。これらを文章から見つけ出し、訂正することで明瞭な報告書を作ることができます。

緩衝表現　主語抜け　複数解釈　広域な表現

読み手があいまいに感じる文章表現

「**緩衝表現**」は、不明確な内容や間接的な内容を指し、「ほぼ」「約」「ほど」「ぐらい」「多分」「ような」「らしい」などの言葉が該当します。副詞や形容詞はこれにあたることが多く、日本語では断定的な文章を使うと「読みにくさ」を感じるため、緩衝表現を使いがちですが、報告書では断定的な文章で構成すべきです。

特に、「できるだけ」「なるべく」「すぐに」「たくさん」などの副詞、「大きい（小さい）」「高い（低い）」「新しい（古い）」などの形容詞は受け止め方に個人差が出てきてしまいます。こういった主観的な表現から、「7月15日までに」「30個を」「最小10mmで」「2023年製造の」といったように定量的に示すことで、ずれのない情報の共有ができるようになります。

「**主語抜け**」は、「～観察された」や「～分析された」といった語尾を含む文章は受け身文章であるので、誰のことなのかが不明瞭になってしまいます。このような表現を使う場合は、主語（主格）を置いて能動的に「この細胞は～観察した」や「試料Aは～分析した」に変えることで明瞭な文章に変わります。

「**複数解釈**」は、研究報告書を読んだ人の主観で意味を解釈してしまう表現です。例えば、電話の受け答えで、あなたは顧客へ電話をかけたとします。すると「○○は木曜日まで休んでおります」という返答を受けたとします。この返答からは「次回の出社は、木曜日？　金曜日？」と二つの解釈に迷ってしまうわけです。あなたが欲しい情報は「いつまで休むのか」ではなく、「いつから連絡が取れるのか」です。こういったやり取りは、聞き手にとってはあいまいな返答と感じてしまいます。複数の解釈ができる表現は、話し手の考えとは異なり、聞き手は誤解を持ってしまいます。

「**広域な表現**」は、例えば「○○結果を調べた」といったように具体的に何を調べたかがわからない表現を指します。これを狭域の表現に変えると「○○結果を数値計算した」「△△の結果と比較して、違いから○○結果を明確にした」のように具体的に示します。書き手は内容を理解している状況で研究報告書を作成していることから、具体的に書かなくても理解できますが、読み手はそういきません。

広域な表現と狭域な表現の違い

広域な表現	狭域な表現
「調べる」「実験する」「見る」	「分析する」「シミュレーションする」「数値計算する」「解析する」「観察する」
「思う」	「考察する」「推測する」「仮説を立てる」「推定する」
「わかる」	「判明する」「明確にする」「理解する」

次に、「あいまい」を見分けるための確認項目を以下にまとめました。作成した文章に対して、表の中の「内容の対象は？」「動作は？」「時間は？」「何を指すのか？」「基準は？」と客観的に自問することであいまいな表現が見えてきます。もしあいまいな表現を含む文章を書き直そうと努力しても、うまく改善できない場合は無理に直さず、その文章を削除しましょう。また不要な形容詞を削ることで、あいまいさを減らすことにつながります。ぜひ試してみてください。

「あいまい」を見分けるための確認項目

内容の対象は？	時間は？	動作は？
自分	すぐに	管理する
社員	素早く	検証する
関連	即時に	検討する
他社	直ちに	最適化する
消費者	同時に	準備する
担当者	並行して	処理する
利害関係者	後に	推進する
	一日後に	整合を取る
何を指すのか？	規準は？	対応する
環境の	通常	対処する
現在の	特性	確認する

最新の	基本的	調整する
それらの	重大	適合させる
これらの	重要	見直す
～など	適切	開始する
		中止する

別のあいまいな表現として、「**二重否定**」があります。自分の責任で、結論や決断を書くことをためらうときなど、二重否定の文章を書いてしまうことが多いようです。二重否定とは、否定をさらに否定することで「あいまいな肯定」を表現するために使われます。しかし、報告書で使用することは混乱する原因になります。

例えば、「A 試薬を使っても化学反応は進行しないわけではない」と書かれた文章を読んだ人は、「別の試薬の方がより良いのかな？」「A 試薬には使用に問題があるのかな？」などと想像を膨らましてしまいます。単純に、「A 試薬を使用して化学反応を進行させた」と簡素な肯定文を書く方がストレスなく理解できます。ビジネス文章では二重否定の使用は必ず避けましょう。

また、ビジネス文章は 5W2H の枠組みに沿って説明すると、書き手と読み手と情報を共有しやすくなり、あいまいさが減ることで認識の「ずれ」が生じにくくなります。文書の結論や論拠は 5W2H を意識して作成しましょう。

5W2H の項目

広域な表現	狭域な表現
When（いつ）	年月日、時間、期間、期限、納期
Where（どこで）	場所、位置、住所、空間
Who（誰が）	対象者、相手、該当者、担当者、責任者
What（何を）	対象物、対象内容、依頼用件、報告内容
Why（なぜ）	理由、目的、意図、根拠
How（どのように）	方針、方法、手段、施策

広域な表現	狭域な表現
How much/How many（どれだけ）	予算、金額、コスト、数量、日数

Point

- 緩衝表現、主語抜け、複数解釈、広域な表現があいまいな表現にしてしまう
- 確認項目を使ってあいまい表現を探して訂正する
- 二重否定は避け、簡潔な肯定文を書くべき
- ビジネス文章は 5W2H の枠組みに沿って説明する

Column

あいまいは日本の文化？

日本の文化を外国人に紹介をするとき、「わびさび」という言葉が用いられます。東京大学　小田部胤久（たねひさ）教授によると「わびさびは、物事を未完成や不十分なままで終わらせる。そこに、想像力が入り込む余地が生まれる」と説明されています。不十分であるからこそ、それを見た人は想像力が刺激され、自分の主観で無限の発想をすることを狙っているのです。

こういった文化が古くから根付いている日本の文章に慣れている私たちは、単刀直入に要件を書くことに抵抗がある人も多いと思います。しかし、報告書の文章はコミュニケーションの手段なので、使い分けることが必要です。

2-18
話し言葉と書き言葉

書き言葉で伝えたいことを正確に伝えましょう

質問

研修で報告書に使う言葉は「話し言葉」ではなく「書き言葉」を使うことを教わりました。ただ、これらの違いがよくわかりません。

解決

新入社員が書いた報告書で最も手直しの対象になる内容の一つは「話し言葉」の使用が挙げられます。話し言葉は、円滑なコミュニケーションをとることが目的の言葉であり、柔らかい表現や砕けた表現が主体になります。

一方で書き言葉は、文法に沿った文章を指し、伝えたいことを正確に伝えることを目的とした言葉です。話し言葉は2-17に示した、あいまいな表現につながるため、ビジネス文章では使いません。次の表に話し言葉と書き言葉の違いをまとめたので、見直しに利用してください。

話し言葉と書き言葉の比較

	話し言葉	書き言葉
副詞	やっぱり	やはり
	全部	すべて
	絶対に	必ず
	とっても	非常に、または、大変
	どんどん	急速に
	すごく	非常に
	だいたい	約／おおよそ
疑問詞	なんで	なぜ
指示詞	こんな	このような
接続詞	～けど	～が
	～から	～ため
	だから	したがって
	～とか	～や
	でも	しかし
	～か～	～もしくは／または～
	なので～	よって～
連体詞	いろんな	さまざまな

さらに理系職における報告書では、理系的表現の言葉を使います。次ページの表を見て「こんなに覚えられるのかな？」と思う方もいるかもしれませんが、報告書を読み書きしていくうちに、慣れていくので安心してください。また、慣れていないうちは、まずは文章を作成し、その後で全体を通して言葉を見直すとよいでしょう。

一般的表現と理系的表現の言葉の違い

一般的表現の言葉	理系的表現の言葉
できれば	できる限り
どちらか	いずれか
適当に	任意に
これからさき	今後
私は	報告者は、申請者は
該当する分野	当該分野
これまでに行われた研究	先行研究
～について言う	～について述べる
言ったとおりである	前述したとおりである
抜き出す	抽出する
互いに関係している	相関している
～を持つ物質	～を有する物質
言い換えれば	つまり、すなわち
A か B	もしくは、または、あるいは
想像する	推察する、推定する

Point

- 話し言葉は使わず、書き言葉を使う
- 理系職文章では理系的表現を使う

2-19
読点の打ち方

読点は打ちすぎても打たなすぎてもダメです

疑問や心配

基本的なことですが、読みやすいビジネス文章を書くことを心がけるうちに「読点」の打つ場所を考えてしまいます。これによって読みにくくなっていないかと心配ですが、なかなか参考にするものもないので困っています。

解決

読点の打ち方は普段から気にすることは少ないため、いざ文章を作成すると、自信がなくなることもあると思います。ただ、読点に気を使うようになったということは、それだけビジネス文章の完成度に対する熱意が上がっているのだと思います。

読点は関係の深い語句どうしをまとめる役割があります。また、主語、原因、結果の位置を明確にし、意味の並列化や同類化などを行うことができます。一方で、読点の数や位置を誤ると、文章の印象やその文の意味が変わってしまうので注意も必要です。

読点の良い効果

- 主語を明確にする
- 原因と結果の関係を明確にする
- 物事を並列する
- 直前の言葉と直後の言葉を分ける

次に読点の数について説明します。読点を多く打ってしまう人は、読点の「打ち方が間違っている」場合と「文章がおかしい」場合が考えられます。打ち方が間違っている場合では、あなたが打つ場所を理解していないため、不要に読点を打っているのです。このような場合は、書いた文章から読点を取り去り、その文章を音読して、途中で息継ぎした位置に読点を打ち直してください。

文章がおかしい場合の原因は、一文が長すぎることが考えられます。一文一意（一つの文章に一つの意味）を基に文の長さを調整すると、読点の数もおのずと減るので試してみてください。

一方で読点を少なく打ってしまう人は、多い場合と同様に音読しながら読点の位置の確認をしましょう。また、短文であっても文字が詰まっている（漢字、ひらがな、カタカナが連続している）場合は、その位置に打つことで文章が読みやすくなります。

読点の数が多い場合と少ない場合の対策

読点の数が多い

- 音読の息継ぎ位置に読点を打ち直す

読点の数が少ない

- 音読の息継ぎ位置に読点を打ち直す
- 文字が詰まっている場合は短文でも打つ

読点の打つ位置は、その文の意味が正確に伝わる位置に打つことが大原則で、これを怠ると内容が変わってしまいます。例えば、以下の文章はどちらも意味が通じますが、異なった意味になります。意味に合わせて読点の位置を決めなければなりません。「読み手によっては誤解にならないか？」「別の見方はないか？」といった疑いの目を持って読点を打つように心がけましょう。

読点の打つ位置や有無によって内容が変わる例文

読点の位置で誤解を招く

例 1）A さんが、忙しそうに仕事をしている B さんに指示を出した。

→　B さんが忙しい。

例 2）A さんが忙しそうに、仕事をしている B さんに指示を出した。

→　A さんが忙しい。

読点の打ち方のルールについて、次にまとめたので参考にしてください。

読点を打つルール

- 主語が長い場合に打つ
- 修飾する語句が長い場合に打つ
- 接続詞や逆接の助詞の後に打つ
- 原因・理由・条件を表す語句（ため／ので／だから／たら／れば／と）の後に打つ
- 対等な関係にある語句を並べるときに打つ
- 挿入句の前後に打つ
- 重文のつなぎ目に打つ
- 日時の後に打つ

理系職の報告書では、読点を「、」ではなくて「,」（コンマ，カンマ）にすることがあります。日本では明治時代まで、読点は文章内で使われておらず、明治 39 年に公布された句読法案によって使われ始めました。この法案に則ると、横書きの文章では「、」ではなくて「,」を使うべきで、教科書や公文書では「,」が使われています。

理工系での書物は、横書き表記や英語文章が多いことから「,」が使われることが多いため、会社によっては伝統的に「,」が使われることもあります。ただし、2022年の「公用文作成の考え方」で「、」や「。」が推奨になったので、今後は変わっていくものと考えられます。

参考）文化審議会：公用文作成の考え方（建議）
https://www.bunka.go.jp/seisaku/bunkashingikai/kokugo/hokoku/pdf/93651301_01.pdf

Point

- 読点は、文章を読みやすく、誤読を避けるために適当な数を打つ
- 文字が詰まっている場合は短文でも打つ
- 別の見方はないかと、疑いの目を持って確認する

Column

改行

切れ目なく文字が詰まって紙面が真っ黒になった報告書を渡されると、多くの上司が読むのに抵抗があるというアンケート結果があります。このような問題を解決するために改行をしましょう。

「文章の話題が変わったら改行」「同じ話題が続けば5行くらいで改行（1行あたり40字程度）」をすることをお勧めします。

2-20
文章の長さ

一文は短く、正確に示しましょう

疑問や心配

読点を意識して報告書を作成しましたが、なんだかしっくりこないように思えます。どのように改善したらいいのでしょうか？

解決

まずは以下の文章を読んでみてください。

本年9月1日から発売した部品Aの製造量の予測を、9月～12月の売上データの集計から分析すると、9月～12月で当初の予想を上回る200個の受注を受け、この理由は価格やデザインが良かったからだと営業から報告を受けているため、今後の製造量は1.5倍に増やすことが最適であると報告します。

上記のような文が繰り返されると、つかみどころのない文章という印象を持ち、読み手はストレスを感じます。この文章の問題点は「文章の長さ」です。

一つの文にさまざまな要素を詰め込むと、話のポイントがぼやけてしまうため、一つの文章に一つの意味（**一文一意**）の構造にすることが重要です。複数の主題が混まれる文章は読む相手に与える印象が散漫となり、文章の説明力が低下してしまいます。

ただ、「どこで文章を切ったらいいのだろうか？」と思う人も多いと思います。この場合は1文の目安を60字以内にしてみましょう。例えば、上文をこのルールに則って直してみます。

本年9月1日から発売した部品Aの製造量の予測を、9月〜12月の売上データの集計から分析しました。9月〜12月で当初の予想を上回る200個の受注を受けました。この理由は価格やデザインが良かったからだと営業から報告を受けています。今後の製造量は1.5倍に増やすことが最適であると報告します。

また、長すぎる文章は、いつの間にか「ねじれ文」になってしまうこともあります。ねじれ文とは主語に対して述語が対応しない文章を指します。以下にねじれ文の例を示しました。

ねじれ文の例

ねじれ文

化学の種類には、有機化学、無機化学、物理化学などの物質を扱う学問です。

ねじれ文を解消

化学は物質を扱う学問です。化学の種類には、有機化学、無機化学、物理化学があります。

ねじれ文であっても意味は何となく理解できますが、文章としてはおかしいことがわかると思います。この例文の問題点は、二つの内容が含まれてしまっていることが挙げられます。こういったねじれ文章は、文章を分割して主語と述語の関係を正常に戻すことで解消することができます。

一つの文の中で同じ言葉を繰り返したり、同様の意味や表現を重ねたりする文章を、「重複」と言います。以下の例のように、重複を含む文章は圧迫感が出てしまうため、ねじれ文とは異なり、読み手に悪い印象を与えることが多くあります。

重複の例

重複文

各担当ごとに必ず提出する必要があります。

重複文を解消

担当ごとに必ず提出してください。

また「馬から落馬する」などのように、短い文章でも重複した意味を書いてしまうことがあるため、重複の判別は一つひとつのフレーズを区切って、重複になっていないかを論理的に確認をしましょう。

Point

- 一文一意や 1 文 60 字以内に則り、簡潔明瞭な文章を作成しよう
- ねじれ文を解消にするには、文章を分割して主語と述語の関係を正常に戻す
- 重複の防止は論理的思考で確認する

2-21
メールの作成

ビジネスメールを使いこなすために文章を考えましょう

疑問や心配

メールでのやり取りが増えていますが、「ちゃんと伝わっているか？」「ビジネスメールになっているか？」などの不安を抱えながら送信しています。不安を解消するための気をつける点はありますか？

解決

メールによるテキストコミュニケーションは有効な手段ですが、「感情や細かいニュアンスを伝えることが難しい」ことや「緊急の要件でも返信がない」などの問題もあります。こういった要素が「自分のメールに問題があったのでは？」といった不安につながることはよくあると思います。

それでは、ビジネスメールの書き方について説明を行います。はじめに心がけたいことは、このメールは「何のために送るのか？」を考えることです。メールでトラブルを抱える人は、メールを送ることが目的になってしまっている場合があります。メールは「単なる手段」であることを認識しましょう。

本文の作成では、「長すぎず短すぎず」を心がけてください。長すぎるメール文章は、読み手が不快を感じるものですが、短すぎても不安を感じてしまいます。「自分がこのメールをもらったらどう感じるだろう？」と自分に置き換えて考えてみましょう。なお、件名の付け方は次の項目で説明します。

ビジネスメールも報告書と同じように、はじめに結論やポイントを明示し、続けて理由などを書きます。また、メールは画面で見ることが多いため、見た印象で心理的に「読みたくない」とブレーキがかかってしまうことがあります。例えば、一文はなるべく40文字以内に抑え、こまめに段落をつけることが見やすさ向上の工夫です。また、番号付きの箇条書きでお願い事などを書くことで、情報を構造化することができるのでお勧めです。こういった工夫をすると、例えば「〇個の確認をすればいいのか」と読む前から全体像を把握できるようになります。

またよくあるトラブルとして、読み手がメールを読んだ後に、「何をすればいいの？」と困惑することがあります。場合によっては、読み手のリアクションをイメージして文章を作成しましょう。特に、返信期限などは、理由を書き添えることで、お互いの納得のもとでコミュニケーションを行うことができます。

一方でメールには感情が伝わらない問題点があります。この解決方法の一つに、ポジティブな印象の文章を書くことをお勧めします。悪い内容であっても、書き手がポジティブな印象の伝え方をすることで、読み手も前向きに読めるものです。同じ内容ですが読み手の印象は変わるものです。次のページに、言い換え方の例を示しました。

ネガティブな表現とポジティブな表現の比較

ネガティブな表現	ポジティブな表現
この結果から実験は失敗したと思われます。	この結果から実験は失敗したと思われますが、○○をやることで改善できる可能性があります。
本日はこの実験はできません。	明日の午前中でしたら実験ができます。
使用者以外はこの装置に立ち会えません。	この装置は使用者だけが立ち会えます。
それでもいいです。	それがいいです。
実験が立て込んでいますが、何とかやってみます。	実験が立て込んでいますが、進歩状況をご相談させていただきながら、期限までに対応します。

また、感情が伝わりにくいからこそ、「相手を尊重し、お互いに納得できる」文章の作成を目指しましょう。また、書き終えたら少し時間を空けて客観的に読みかえして、「何のために送るのか？」が満たされているかの再確認を行ってください。

Point

- 読みやすいメールは見た目を気にし、箇条書きなどで内容構造をシンプルにする
- 読み手にお願いしたい行動を明確に記す
- ポジティブな印象の伝え方、相手への尊重、相互納得を目指す

2-22
件名の重要性

メールの件名で目的と内容を伝えましょう

疑問や心配

メールを注意して作成し送信しましたが、なかなか返信がありません。早く返信をもらえる方法はあるのでしょうか？

解決

返信が遅いと「嫌われているのかな？」「ミスがあったのかな？」と気重になる人も多いと思います。返信が遅い理由として、メールの件名に問題があることもあります。多くの上司は毎日忙しく、多くのメールを受け取るため、あなたのメールは多くの中の一通でしかないのです。したがってあなたのメールを開いてもらうためには、メールの件名を工夫しなければなりません。

例えば、Yahoo! ニュースの見出しは、最大文字数が 15.5 字と決められていますが、この短い文字にどれだけ多くの人の興味を惹きつけるかの工夫がされています。

Yahoo! ニュースの見出しルール

- 読み手の身近な単語と距離のある非日常的な単語の掛け合わせをする
- 理由を加える
- 漢字、平仮名ばかりを連続しない
- 同じ単語や助詞を繰り返さない
- ！は使わない
- 感情を揺さぶるワードを加える

Yahoo! JAPAN より引用
https://news.yahoo.co.jp/newshack/info/yahoonews_topics_heading15.html

そこでビジネスメールの件名の付け方について説明を続けます。基本は、読み手が受信リストを見た際に内容が理解できるよう、15～20 文字程度で簡潔で具体的に内容が伝わるように書くことが最良です。

例えば、研究会日程が変更になった場合のメール件名を例に説明します。四つの例の件名は、どれも違和感がありませんが「どの研究会だっけ？」と思い返す手間や、「回答が必要だな」という含みを持たしている内容は例 D です。

研究会日程が変更になった場合のメール件名例

例 A　研究会日程について
例 B　日程の変更のご相談
例 C　研究会日程の変更について
例 D　○月○日の研究会日程のご相談

件名には、「いつの話なのか」「何の用件なのか」「どういう概要なのか」を内容に応じて記載することで、メール本体のトピック・センテンスになり、上司は中身を事前に予測できます。また、件名の最後に送信者の名前を書いておくと、より印象に残りやすくなります。
一方で早く返信をもらいたいときに【至急！】と加えられた件名を見かけます。至急という言葉を辞書で引くと、「大急ぎで、他のないよりも先にやらなければならないこと」とあり、自分本位の表現と考えることもできます。人によっては、【至急！】と書かれた件名が多くなり、この文字にストレスを感じてしまうこともあるようです。【至急ご確認ください】と書き換えるだけでも和らいだ表現になります。
また、【至急！】という意味には、人それぞれに時間軸があり、その人の主観性によって日時が変わるので、期待した行動を得ることができません。例えば、【至急！】から、具体的に「日付」に置き換えたることで、いつまでに確認をしてほしいといった情報の共有になります。もし上司が忙しい場合でも、「その期日までは難しい」といった具体的なやり取りができます。また、具体的日時の明記をすることは、期日近くになったら「リマインドメール」を出すことにもつなげることができます。ただし、社中ルールとして「至急！」を使っていることが決まっている場合は変更せず、ルールどおり使用してください。

Point

- 標題やメール件名は意味を網羅した印象に残る内容にする
- 【至急！】は具体性がなく圧迫感があるため別の工夫をする

2-23

見直し

報告書は入念に見直し、内容を練り上げましょう

疑問や心配

研究報告書の作成がいつも期限直前なので見直しをする時間が取れません。見直しにどのくらい時間をかけるべきでしょうか。

解決

完璧と思った文章でも、少し時間を空けて読み返すと、不明確な内容や矛盾に気づくことがあります。しかし、一度書いたものを不要だからといって削る作業は思い切りが必要です。そういった場合は、研究報告書の価値は、「どれほど時間をかけたのか？」「どれほど努力をしたのか？」ではないことを思い出してください。

そのことを念頭に置いて、時間が許す限り、さまざまな視点から自分の文章を批判的に読み返し、必要があればパラグラフを書き直す勇気で挑んでください。

読者によっては、「誤字脱字の確認で見直しは十分」と思っているかもしれません。しかし、見直しは報告書を完成させるための重要な過程であり、文章を書く時間と同じくらいの時間を使うべきです。見直しをしない人は自分の文章の良し悪しを検証する機会を逃しています。これではビジネス文章の作成は上達しません。

例えば、出版物の見直し手順は 3 段階をたどります。「推敲（すいこう）」では、文章をより良くするために何度も考えて作り直します。「校正」では、文字や表現に誤りがないかを確認します。推敲や校正

は、場合によっては複数回繰り返します。「校閲」では、内容に不備や誤認がないかを客観的に調査します。ここで3段階やることが重要ではなく、こういった視点での見直しをおすすめします。

間違いを含んだ報告書を提出してしまうと、将来にわたって間違いが会社の資産として保存されてしまいます。入念な見直しを行うことを心がけるべきです。

出版物の見直しの手順

推敲：文章を良くするために内容や表現を練り直すこと
校正：文字や表現に誤りがないかを確認すること
校閲：内容に不備や誤認がないかを調査すること

文章の見直しには、四つの力が必要です。一つ目は「**読み返す力**」で、新鮮な目で客観的に文章を見直すために必要です。次は「**懐疑力**」で、疑いの目で自分の文章を客観的に見直すために必要です。「**剪定力**」は、主題（主幹）を残し不要な内容（枝葉）を切り落とすために必要です。「**識別力**」は、形式が整っているかを見直すために必要です。

読み返す力	懐疑力	剪定力	識別力

見直しに必要な四つの力

こういった力は、普段から他人のビジネス文章を読むことで、徐々に身につけるしかありません。他人の研究報告書を読み重ねると、客観的に距離を置いて、広い視野でこれらを読むことができるようになります。自ずと自分の文章も客観的に見直すことができるようになっていきます。

見直しの方法として、声を出して文章を読み直すことが有効です。

また、確認項目をリスト化して、自分に合った見直し法を確立することで見直しの時間を短縮できます。

さらに、報告書が完成したら他人に読んでもらい、内容がわかりにくい箇所やすんなり読めない箇所を指摘してもらうことも有効です。自分では当然と思っていることが他人には理解されないことや、余分な文章などを指摘してもらうことで、余分なノイズを除去することができ、洗練された文章になります。加えて、自分ではそうは思わないようなことでも、違った目で読むと思いもよらない視点から、意図した印象や結果至らないことがあります。こういった問題のリスクも他人に読んでもらうことで下げることができます。

将来、部下の報告書を確認する立場になったときに的確なアドバイスができるよう、今から見直しの実力をつけましょう。また見直しは、「読み手を納得させる」ための文章にする最後の重要な過程です。できる限り時間をかけて最良の文章を作成しましょう。

Point

- 書く時間と同じくらい見直しの時間も使う
- 見直しに必要な力を高めるために、三つの手順と四つの力を養う

補足

特許明細書の作成

特許出願に必要な情報をまとめましょう

疑問や心配

会社で研究発表会を行った後、上司から「内容に特許性があるから、作成をしてみて」と言われましたが、特許を書いたこともなく、どうしたらいいかわかりません。

解決

「作成して」といきなり言われると、どうしたらいいのだろうと困る人も多いと思います。大学や高専では、論文を読むことがあっても特許を読むことはあまりなかったと思います。しかし、会社では、特許を基礎とした仕事が多く、早めに慣れたいところです。

ここで、上司からの指示ですが、「作成して」というのは、特許の明細書を書いてという意味ではなく、明細書を作成するため準備をしてほしいという意味だと思います。明細書とは、特許出願の際に願書に添付して提出する書面で、権利を取得しようとする発明の内容を記載したものです。

本章は「読み手を納得させる文章」を目的としていますが、特許の作成法の概略を知ることで知財部門や弁理士とのコミュニケーションを容易にすることができるため、説明を行いたいと思います。

過去には技術者の教育・育成の一環として、明細書を技術者自身が作成していました。しかし、技術が進展し、それに伴い特許の権利範囲が複雑化した現在では、知財部門や外部の弁理士などの専門家が明細書の作成をすることが多くなっています。
　特許は、画期的な発明に対して、その発明を公開する代わりに、一定期間、その発明を独占的に使用することができる権利（特許権）を国が与えるものです。したがって、新しい発見をいち早く報告する学術論文とは異なり、会社がどうやって役に立つ権利範囲を確保するかを考え、その権利を有するために内容を構成しなければなりません。
　したがって、明細書の作成は戦略的に文章を構成する必要があり、専門家に任せた方がより完璧なものができます。それでは、発明をしたあなたは、専門家に発明の説明をすればいいのでしょうか？　確かにそうとも言えますが、あなたの発明を整理するためにも「類似の発明がすでに報告されているか？」「似たような特許はどのように権利化されているのか？」などの情報を調査しておくことをお勧めします。
　一般的な検索方法として、独立行政法人 工業所有権情報・研修館（INPIT）のホームページ内の、特許情報プラットフォーム（J-PlatPat：https://www.j-platpat.inpit.go.jp/）が無料で検索サービスを提供しています。特許庁のホームページでは J-PlatPat の検索方法なども公開していますので参考にしてみましょう（https://www.jpo.go.jp/support/startup/tokkyo_search.html）。一方で特許ではなく文献の調査も必要です。文献調査をするための検索方法として、日本最大級の科学技術文献情報データベースである、J Dream III があります（https://jdream3.com/）。こちらは有償のサービスなので別途契約が必要です。
　検索キーワードは、同義語や類義語について検索をかけるだけではなく、省略形や異表記でも行います。また、言葉の変換（漢字／ひらがな／カタカナ／アルファベット／英名）に対しても行うと、検索漏れを防ぐことができます。これらの結果をまとめておくと、専門家との話し合いの際にスムーズに発明の内容を伝えることができます。また、この段階で類似の特許があったとしても、その権利化については専門家と議論してみましょう。特許を受けることができるのは世の中にまだ知られていない、新規で進歩性のある発明に限られますが、どこに権利を主張したいかによっては見方が変わることもあります。

次に、特許法上の発明について説明を続けます。発明とは「自然法則を利用した技術的思想の創作のうち高度のもの」を言います（特許法２条１項）。以下の４項目は発明の要件です。

特許としての発明の要件

① 自然法則を利用していること

② 技能的思想があること

③ 創作性があること

④ 高度であること

項目①は、自然法則を利用していることが挙げられます。ただし、自然法則それ自体、経済法則や数学上の定理、商売方法やゲームルールなど、自然法則でないものは、特許上の発明にはなりません。

項目②は、技術的思想があるもので、技能や情報の掲示、芸術的創作物は技術的な思想ではないため、特許上の発明にはなりません。

項目③は、創作性を指し、天然物を発見しても、その人の創作物ではないので、特許上の発明にはなりません。

項目④は、「高度」である必要がありますが、革新的な内容でなくても、従来にない新しい機能を発揮する改良品であれば、特許法上の発明にはなるということです。

上記の４項目に照らし合わせ合致していることを確認したら、次に自分の発明の内容が、以下の３項目にどのように合致するかを考えてみましょう。これらの項目は、特許を受けられるかどうかの基本的な項目になり（国によって異なります）、この点に重点を置いて明細書を作成します。

産業として利用できるか？ 新規性があるか？ 進歩性があるか？

特許を受けられる内容

特許を受けられる内容として、「**産業として利用できるか**」を考えてください。例えば、新しい変化球の投げ方や新しい数式、がんの手術方法などは該当しません。また個人的にのみ使用できるものや研究的にのみ使用されるものも該当しません。加えて、明らかに実施できないものも特許としては受理されないので注意してください。

次に、新しいものであるかどうかという「**新規性があるか**」について考えてください。特許を受けられる「発明」は、今までにない「新しいもの」である必要があり、これを「新規性」と言います。特許権という独占権は、特許出願前に公然と知られているものや実施をされたもの、頒布された刊行物に記載されている内容では得ることができません。

最後は、容易に思いつくものでないかどうかに該当する「**進歩性があるか**」です。新規な発明であっても、誰でも簡単に考えつく発明や見方を変えれば思いつくものは、特許としては認められません。例えば、アンパンの餡の代わりにクリームを入れることはパン屋さんなら容易に思いつき、これは特許として認められません。

自分の発明の説明書を、これらの項目と十分に照らし合わせ、情報を整理した形でまとめると、専門家との話し合いがスムーズに進みやすくなります。また、「1枚の絵は1000語に匹敵する」という「ことわざ」がある通り、説明文だけではなく、図などを使った視覚的に理解できる資料作りをしましょう。また発明には「物の発明」「方法の発明」「物を生産する発明」があり、この点も頭に思い描きながら資料を作ることをおすすめします。これにより、専門家とのコミュニケーションをスムーズにし、あなたの考えを理解してもらい、より良い明細書の完成を目指しましょう。

専門家の聞き取りをよりスムーズにするために、必要な情報を以下にまとめておきました。ただし、会社によって聞き取りたい内容が異なりますので、あくまでも例として事前準備に利用してください。

特許作成の確認シート

1. 発明等の名称
2. 発明等に至った研究課題
3. 発明の分野
4. 発明等の概要説明
    - 4-1. 発明が容易に考えつかない理由
    - 4-2. 発明等が解決しようとする課題
    - 4-3. 従来技術の問題点
    - 4-4. 課題を解決するための手段
    - 4-5. 再現できる条件
5. 発明等の効果
    - 5-1. 従来技術に比し有利な効果
    - 5-2. 想定される利用分野

Point

- 慣れないうちは、専門家（知財部や外部弁理士）に、正確に発明を伝えるための情報収集とその整理を行う
- 特許を受けるためには、自分の発明と「産業として利用できるか」「新規性」「進歩性」を照らし合わせて、特許的価値を確認しておく

2-24
確認項目のチェックシート

理系職の文書作成において気を付ける内容を「確認項目」としてチェック形式で並べました。読み手を納得させ「読み手を納得させる」を目指すため利用してください。

納得させるビジネス文章を作成するための確認項目

(1) 準備のポイント

- □ 読み手の要望、予備知識、忙しさを理解したか？
- □ エビデンス、例、図、表、文献を準備したか？

(2) 作成のポイント

構成の確認

- □ 重要な内容や結論を前半に記したか？
- □ 結論と題が対になっているか？
- □ 巨視から微視へ内容を展開しているか？

読みやすさ確認

- □ 客観的に内容を記したか？
- □ 先行オーガナイザーは入れたか？
- □ 読点の付け方に気を配ったか？
- □ カタカナや漢字のバランスを考え、専門用語には説明文をつけたか？
- □ 5W2H を意識して結論や論拠を構成したか？
- □ 文章はなるべく短く構成し、複雑な内容は箇条書きにしたか？
- □ 一文一意（一つの文章に一つの意味）にしたか？
- □ 事実と意見を区別しているか？

仕上がりの確認

- □ 読み手に伝わる内容か？
- □ 必要なことが書いてあるか？不要なことは削除したか？
- □ エビデンスを利用しているか？
- □ あいまいな副詞や形容詞はないか？
- □ 文体や言葉遣いを統一しているか？
- □ 指示代名詞（この、その、これ、それ など）を使い過ぎていないか？

Chapter 2 の確認問題

問 1　以下の記述の中で、妥当な内容の文章はどれでしょうか。該当する記号をすべて記してください。

(1) 文章に書かれた内容の信頼性は、文章の長さで決まる。

(2) 一つの内容を説明する場合、長い文章になったとしても、改行はせず、最後まで続けて書くことが最適である。

(3) 「最新の加熱が進化した化学合成装置」と「加熱が進化した最新の化学合成装置」では、後者のほうが「化学合成装置」にかかる修飾語の順序は適切である。

(4) 「重点先行型構成」の利点の一つは、読み手が自分の都合でどこまで読むかを判断することができる。

(5) 報告書の作成に慣れてきたら、文学的表現をふんだんに加え、美しい文章にする。

(6) 研究報告書の構成は、まずは諸条件を記し、最後に結論を明確にすることがわかりやすい文章だ。

問 2　以下の記述は「ねじれ文」になっています。ねじれを解消し、わかりやすい文章に書き換えてください。

(1) 「研究所の○○の専門は、化学合成を行うことです。」

(2) 「○○への指示は、加熱による化学合成と、合成物の分離との二通りの指示がある。」

(3) 「私が研究で大切にしているのは、できるだけ目で見て手で触ることを心がけていますが、今日の研究の中でもこれを実践して、時間がかかるが研究の実感を得ながら行いました。」

問 3　容器 A、B について、それぞれを説明した文章になるように、以下の記述に読点を打ってください。

記述：黒い液体の入った容器

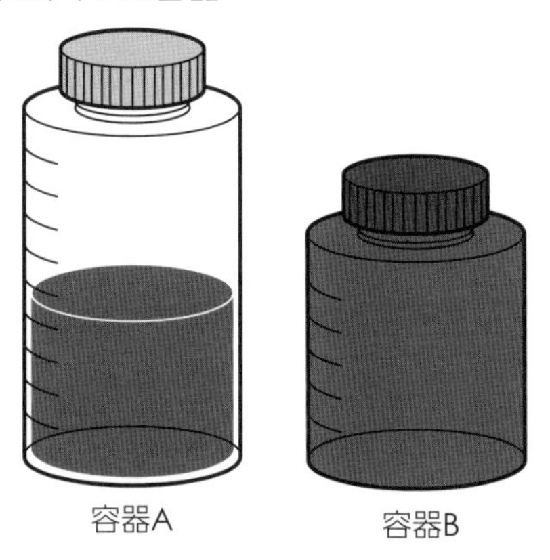

問 4　以下の報告メールは、実験中のトラブルを報告したものです。わかりやすい文章に書き換えてください。

件名：報告書

内容：今日は A 試薬から B を合成するときに、白煙が出るトラブルがありましたが、その場にいた佐藤さんが、無事解決をしてくれ、自分はどうしたらいいかをすぐに判断できなく、〇〇さんは先輩だから対応できたのだと思いました。

問 5　以下の社内メールは、研究会を伝えるための内容を示しています。わかりやすい文章に書き換えてください。

件名：研究所高橋です

内容：お疲れ様です。研究所の〇〇です。

「研究報告会」を 2 月 7 日（火）に開催することが決定いたしました。当日は 10:30 に大会議室にご参集ください。また本メールに添付した資料をご精読のうえご持参ください。できるだけ全員参加が基本です。

Chapter 2の確認問題の解答

問 1　(3)、(4)

問 2　(1)「研究所の〇〇は、化学合成が専門です。」または「研究所の〇〇の専門は、化学合成です。」

(2)「〇〇への指示は、加熱による化学合成と、合成物の分離である。」

(3)「私が研究で大切にしているのは、できるだけ目で見て手で触ることです。時間はかかりますが、今日も研究でこれを実践し、研究の実感を得ることができました。」

問 3　容器 A：黒い液体の入った、容器
　　　容器 B：黒い、液体の入った容器

問 4

件名：白煙発生に対する報告書

内容：○月△日 11:30AM ごろ、A 試薬から B を合成する際に、白煙が出るトラブルがありました。その場にいた佐藤さんが、装置を止めてくれたので、被害もなく無事解決をすることができました。今後は、こういった場合の対処方法を事前に確認して実験を進めます。

問 5

件名：2 月 7 日研究報告会のお知らせ

内容：研究報告会を 2 月 7 日（火）10:30AM から開催することが決定いたしました。当日は 10 分前に開場しますので大会議室にご参集ください。また本メールに添付した資料をご精読のうえ、当日ご持参ください。できるだけ全員参加が基本ですが、参加できない方は、2 月 7 日 10:00AM までに研究所〇〇までにメールでご連絡ください。

Chapter 3

聴き手を納得させるプレゼン

プレゼンの心構え

これまでのプレゼンテーション（以降ではプレゼンと略します）では「阿吽（あうん）の呼吸」や「空気を読み」雰囲気を見ながら発言をすることが認められました。しかし、簡単に世界中とつながることができる世の中となり、プレゼンで「発言しない人は、その場にいないのと同じこと」という価値観に急速に変わりつつあります。

プレゼンの良し悪しは「センス」ではなく「スキル」で決まります。このスキルを身につけ、現代のプレゼンを実践しましょう！

まずは、準備にあたっての心構えから学びましょう。

3-1

プレゼンが苦手な国民性？

練習が足りないだけのはず。プレゼンの練習方法を知りましょう

疑問や心配

「日本人はプレゼンが苦手な国民である」という話を聞いたことがあります。私がプレゼンを苦手とする理由は日本人であることと関係しているのでしょうか？

解決

読者の皆さんの中にも「自分がプレゼン下手なのは日本人だから」と思っている人がいるかもしれません。本当にそうなのでしょうか？いえ、そんなことはありません。例えば「落語」は日本が誇る伝統芸能で、落語家は動画やスライドも使わずに、座ったままで１時間ほども話します。私たちは話の場面を思い浮かべることで大爆笑したり、ホロリとさせられたり、怖がったりします。これはまさに、素晴らしいプレゼンなのです。

落語家の話は素晴らしいプレゼン

さらに、日本人は礼儀正しいと言われますが、例えばお店の店員と何気に交わす会話も立派なプレゼンです。日本人は文化的にも普段の生活にもプレゼンが普及している国民で、「普段からプレゼンの機会がない」「日本人はプレゼンのセンスがない」というのは思い込みなのです。

ただ、そう言われても「私は落語家のようにはうまくできない」と思われる読者も多いと思います。それでは、落語家とプレゼンが苦手な人の違いはどこにあるのでしょうか？　それは「練習量」にあります。名人といわれる落語家であっても、毎日繰り返して練習を重ねています。プレゼンが得意になるには練習が必須なのです。

でも、「本格的なスライドを作るのは大変だし、練習に付き合ってくれる人もいないし……」と思われる方も多いのではないでしょうか。そんな手の込んだ準備を用意しなくても、練習の機会は日常の中にあるのです。例えば「挨拶」です。普段から家族、同僚、お店の店員に挨拶しますよね。「おはようございます」「メールありがとうございました」「持ち帰りでお願いします」などの何気ないものです。このときに、少しだけ「プレゼン」を意識してみてください。どのように意識するかというと、しっかり相手の目を見る、はっきりと相手に伝わるような声の大きさを意識するなどで十分です。
　また、ちょっと慣れてきたら、一言二言添えてみましょう。「昨日の夕飯おいしかったね」「今日は暑いですね」「おすすめアレンジはありますか？」などです。これを実行すると、プレゼンの練習になるだけでなく、円滑なコミュニケーションの練習にもなります。さらに周囲からも人間性の評価が高くなり、自分の機嫌も良くなり、良い影響しか生まれません。スライド作成、予算や会場準備も不要なこの練習方法を、早速始めてみましょう！

Point

- 「日本人はプレゼンが苦手な国民」ではない
- 素晴らしいプレゼンは練習量と比例する
- 普段の挨拶や何気ない会話をプレゼンの練習にすべし！

3-2

理系はプレゼンが苦手？

現代の理系職ではプレゼンが必須。苦手ではいられません

疑問や心配

昔、理系職はプレゼンの回数が少ないと聞いたことがあります。しかし、実際に入社するとプレゼンをする機会が思いのほか多くあり、驚いています。これは、うちの会社だけでしょうか？

解決

昔の理系職は「人前で発言する機会が少ない」「言葉ではなく結果で語る」「正確な説明や報告があれば十分」という文化がありました。学生時代にプレゼンする機会が少ない人もいるため、このような話を過去に聞いたのだと思います。

しかし、現在の理系職はこのような価値観が大きく変わりました。研究内容や技術内容を社内部署間で積極的に情報交換し、個人の積極的な意見や発言が求められています。また、社内外の商談、会議、研究会、報告などがオンラインで実施されるようになったことから、理系職の積極的な会議参加が求められ、ここではプレゼンも求められているのです。

プレゼンの取り組みに対する昔と今の理系職の違い

また、理系職の人は学生時代にゼミでプレゼンはよく行っているので、「事実」「結果」「因果関係」などを解説するプレゼンは慣れています。しかし、これらはプレゼンを構成する材料の一つに過ぎず、この材料をそのまま語るのではなく、上手に使うことで、魅力があり、信頼性の高いプレゼンができるようになります。使いこなしてこその材料というわけです。これを活かせるように、ぜひそのスキルを学んでください。

Point

- 「事実・結果の報告や説明」と「プレゼン」は異なるものである
- これらの要素を駆使することで信頼性の高いプレゼンができるようになる

3-3

目指すべきプレゼンとは

聴き手の心を動かし、期待した行動を得るプレゼン

疑問や心配

「目指すべきプレゼン」とはどのようなプレゼンでしょうか？

解決

あなたが会社でプレゼンを行うのは、どのような場面でしょうか？大学や高専ではゼミ発表、学会発表……、入社後は研究発表会、報告、顧客向け説明……などが思い浮かぶと思います。ただ、これらは「あなたが目指すべきプレゼンでしょうか？」と聞かれると、自信を持って「はい」と答えられる人は少ないかもしれません。これは「あなたが目指すべきプレゼンではない」かもしれないのです。

多くのプレゼンは、「事実や成果の報告」「単なる説明や意見表明」であることが多く、「報告」「意見表明」「売り込み」は「事実は理解できる」「知識を得られる」「情報を得られる」などの効果を聞き手に与えることしかできないのです。もちろんこれも重要なことですが、あなたが目指すべき**「心を動かし、期待した行動を得るためのプレゼン」**にはならないのです。

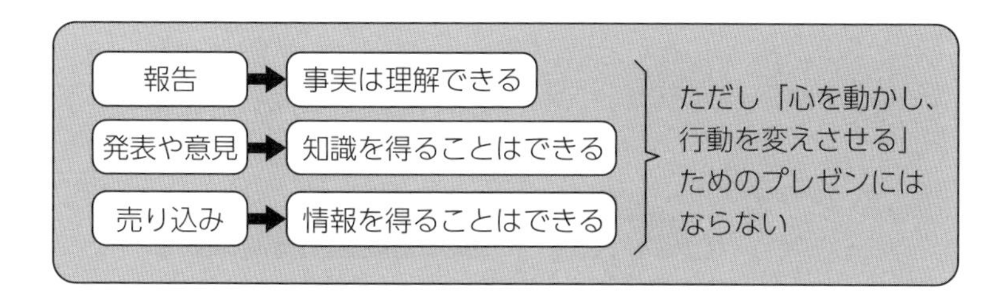

多くのプレゼンは「報告」「発表」「売り込み」だが…

良くない事例
売り込み・単なる説明・事実報告のみ

良い事例
共感・共有・相手へのプレゼン

プレゼンの良くない事例（左）と良い事例（右）

例えば、オーケストラの演奏やスポーツ、絵画、さまざまなパフォーマンスなども、観客の心を揺り動かします。また、これを見聞きした観客の行動に変化が現れることがあります。あなたのプレゼンにもこういったリアクションを期待しましょう。

つまり、目指すべきプレゼンは「美しいスライド」「気の利いたジョーク」「完璧な知識」「流暢な説明」ではなく、あなたの思考の発信に対して「言語」「世代」「個性」「所属」「肩書き」などが障壁にならないプレゼンなのです。

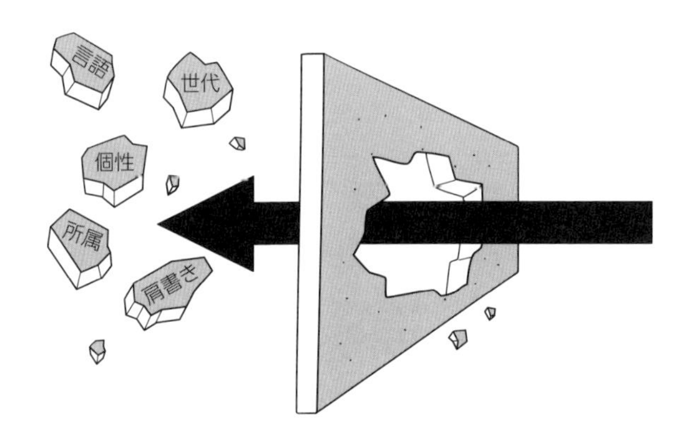

「言語」「世代」「個性」「所属」「肩書き」などが
障壁にならないプレゼンを目指そう

それでは「聴き手の心を動かし、期待した行動を得ること」を実行するには、どのようにプレゼンを行えばいいのでしょうか。それには、聴き手に「これは私と関係あることだ」とか「自分のこととして考えるべき内容だ」と思わせることが大切です。

そのためには、まず「聴き手がどんな人々か」「どんなことに関心を持っているのか」を把握して、これを理解しなければなりません。加えて重要な点として、「発表者＝自分」「聴き手＝顧客」といったような役割を分けた構図ではなく、「みんなで一緒に考える」という一つの空間を作るような意識も重要です。

「私から説明します」という一方向のコミュニケーションではなく、「私たちの問題を共有します」という意識を持ってもらう工夫をすることで「聴いてくれる雰囲気や意識の共有化」を作ることができるのです。

Point

- 目指すべきは「聴き手の心を動かし、行動を変える」プレゼンである
- 「報告」「意見表明」「売り込み」ではなく、聴き手への「プレゼント」にするイメージを持つ
- 「聞いてくれる雰囲気」を作り出し、聴き手が「意識の共有化」をしてくれる工夫をする

理系職のプレゼン

目指すべきプレゼンを解説する前に、理系職のプレゼンスライドや配布資料の作成の概略をここで説明します。営業部門や商品説明の資料などとは異なり、理系職のプレゼンはある程度のスタイルがあります。ここで説明する理系または一般的なプレゼンのスタイルを基礎として理解しましょう。

3-4

記憶に残るプレゼン

プレゼン資料の見た目に気を配る①

疑問や心配

プレゼンの後に「なんだかよくわからない」と指摘を受けました。内容が難しいとは思えず、書き漏らしなく、すべての説明や結果、実験データも書きました。何が問題なのでしょうか？

解決

理系職が行うプレゼンは、参加者が内容を論理的に考えながら聴くものもあり、同様に専門を有する参加者以外や専門外の人、他部署の人たちにも平易に理解してもらうための工夫が必要です。

悪い例の代表として、文字情報の多いプレゼン資料が挙げられます。文字情報が多すぎると、資料を見た瞬間に圧迫を感じたり、資料全体が視覚的に頭に入ってこなかったりするため、理解を鈍化させてしまいます。内容は十分に盛り込めているのに、それを文章のみで埋め尽くしているため、「なんだかよくわからない」の一言で終わってしまうことがあるのです。また、このような印象に残らない資料は、将来においても内容やデータが再活用されないことも多く、会社内の財産にもなりません。

こういったプレゼン資料の改善として「**文字量を減らすこと**」「**箇条書きで表すこと**」「**図解すること**」をお勧めします。例えば「褐炭」の説明をスライド資料で作成したとします。文章で構成された資料からは、文字を読まないと理解できず、また赤字（紙面では太字）で示している文字の方が黒字よりも多いため、「どの点が重要なのか」を瞬時に理解することができません。さらに、同じ内容が系統だっていないため、特徴を視覚的に判断することは困難です。

褐炭とは
https://ja.wikipedia.org/wiki/褐炭

- 石炭の中でも**石炭化度が低く**、**水分や不純物の多い**、**最も低品位**なものを指す
- **若い石炭**であり、**植物の形が残っている**ものもあります。
- 炭素量や発熱量（JIS規格では**24〜31 MJ kg^{-1}**）は少ないが、**着火性**に優れ、**反応性は高い**。

褐炭とは

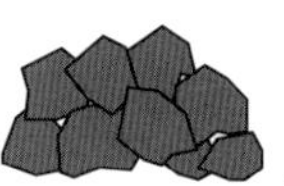

石炭類の一種

石灰と**品質**比較
- 石炭化が不十分
- 水分や不純物が多い

石炭と**熱的挙動**比較
- 発熱量が少ない
（JIS規格：24〜31 MJ kg^{-1}）
- 着火性は高い

内容はhttps://ja.wikipedia.org/wiki/褐炭より引用

（左）文章で構成したプレゼンスライドと
（右）図や箇条書きで構成したプレゼンスライド

図で構成したプレゼン資料は、見た瞬間に絵が入ってくるため、「褐炭」という言葉がわからなくても「石のような物」という印象が記憶に残ります。また、説明も箇条書きにし、これらを分けて示すことで特徴が視覚的に分類されています。これらの工夫によって「見させる」内容に仕上がります。こういった工夫が「聴き手の心を動かし、期待した行動を得る」ためのプレゼンの第一歩なのです。

また、両者のスライドを比較すると**余白の使い方**に大きな違いがあることもわかります。文章で構成されている例では、1 枚の 1/3 程度の文章が書かれています。しかし、その下は余白であり、参加者は「この余白に何か文字が出てくるのかな？」と期待します。

文字の大きさや余白にはすべて「意味」があります。例えば、大きな文字と小さな文字があれば、大きな文字の方が「重要な内容」が書かれているのだと無意識に認識するものです。

また、バランスの悪い余白の使い方をすると「この余白の意味は？」と内容には関係ないことを考えてしまうものです。資料全体を通して統一感のあるバランスの取れた内容を目指しましょう。なお、文字の大きさについての具体的な説明は次の項目を参考にしてください。

1枚の資料に文字があふれるほど書いてある資料を見ることがあります。書籍のように自分のペースで理解を調整できるものとは異なり、プレゼンは話し手のペースで進むため、多すぎる情報は聴き手を置き去りにしてしまいます。内容を十分に簡素化して視点を明確にし、全体の30%以上は空白部分になるように工夫をしてみましょう。

Point

- 資料は文章から図や箇条書きで表現した方が、理解度が上がる
- 赤字などの色使いは最低限にすることで、色の効果が出る
- 文字の大きさや余白には意味があるため、全体を通して統一、バランスよく使う

3-5

情報の表示方法

プレゼン資料の見た目に気を配る②

疑問や心配

先輩は「簡素でシンプル」なスライドや配布資料を使用していますが、内容が理解しやすく、プレゼン終了後も頭に内容が残っています。どのような見えない工夫があるのでしょうか？

解決

良くないプレゼンの典型として、1枚のスライドの内容が情報過多になっているものがあります。一生懸命になるほど、多くの情報を伝えたくなりますが、3-4で説明した通り、その情報量に参加者が追いついてこられるかは別の話です。むしろ、参加者のことを考えて、伝えたいことがまだまだあったとしても、「**優先すべき内容は何か？**」を選定し、これに集中したスライドを作成した方がわかりやすくなります。情報量を減らすことは、伝えたい内容をより明確にし、聴き手の集中を持続させることにもつながります。

特に、理系職のプレゼンでは、持ち時間をあまり考えず、実験データなどを多く載せすぎる傾向にあります。内容にもよりますが、理解してもらいたい重要な要点を、1スライドに対して最大でも「三つ」までにするべきです。これが、四つ、五つになってくると、頭の中で整理がしづらくなり、発表者が単にこなすだけの発表になってしまいます。このルールは1枚の紙資料に対して同様です。どうしても多くのデータや内容がある場合は、添付資料として加え、詳細な内容は参加者に委ねる工夫をお勧めします。

複雑だったりデータ数が多かったりする内容のプレゼンを行う場合は、後半のスライドに、今回の発表における結果などを体系的または箇条的にまとめた**サマリー**（要点や要約）を入れることをお勧めします。これは結論とは別に示すことが重要で、全体を通しての内容確認になります。

次に、**文字の大きさ**について説明します。配布資料に使う文字は12pt（ポイント）以上が最適と言われています。一方で投影スライドに使う文字は18pt以上と言われています。文字が小さすぎると、後ろの席の人が見えにくくなり、さらに理解する意欲の低下を招きます。ただし、このサイズは投影するスクリーンのサイズや会議室の大きさ、会場のレイアウト、参加者とスクリーンの距離で決定することをお勧めします。可能であれば、これらの情報をスライド作成前に入手し、最適な文字サイズを決めましょう。

次の表は、投影用の資料を映し出す場合に、スクリーン幅における文字サイズをどのくらいに設定すれば、スクリーンからどのくらい離れても文字の認識ができるかを示したものです。文字サイズの選定の参考にしてください。

スクリーン幅と文字サイズによるスクリーンから文字の認識ができる距離

文字サイズ ＼ スクリーン幅	1.5m	2.1m	2.7m	3.3m	3.9m	4.5m
18 pt	8m	11m	14m	17m	20m	23m
24 pt	10m	14m	18m	22m	25m	29m
28 pt	12m	17m	22m	27m	31m	26m
36 pt	15m	21m	27m	33m	29m	45m

さらに文字サイズは大小混ぜずに、極力統一します。これはグラフや表などでも同様です。また、Excelで図を作成すると、自動的に文字がグレーになる場合がありますが、これは必ず黒にしましょう。こ

ういった統一感のもとで、最も強調したい内容の文字のサイズを大きくします。このようにすることで表現に変化が生じ、注目度が向上します。

また、文字の注意点として文字装飾も挙げられます。強調したい内容に下線や波線を入れたり、**太字**や*斜体文字*を使ったり、さまざまな色を使うことで、過度に着飾ったスライドや配布資料を見ることがあります。しかし、これらをランダムに使うと参加者は視覚的にうるさく感じ、頭に入りにくいスライドや配布資料になってしまうので使いすぎには注意しましょう。

パワーポイントなどのプレゼンソフトには、さまざまな機能でプレゼンを演出することができ、その中でも紙スライドではできない効果としてアニメーションがあります。使い方を覚えると、さまざまな場所で使いたくなるものですが、意味のない使用は控えましょう。もし、発表のアクセントをつける意味合いで使用する場合は、アニメーションが主張しない程度に使うことをお勧めします。また、アニメーションは「固まる」リスクがあることも認識するとよいと思います。

さらに、挿絵などのイラストを、むやみに入れるのは避けましょう。メリハリをつけるために入れることは重要ですが、そのセンスが養われるまでは、シンプルな内容が最適と考えましょう。

Point

- 資料は文章から図や箇条書きで表現した方が、理解度が上がる
- 赤字などの色使いは、最低限にすることで、色の効果が出る
- 文字の大きさや余白には意味があるため、全体を通して統一、バランスよく使う
- 装飾文字、アニメーションは必要最小限にする

3-6

迷子にしない工夫

聴き手の理解を助ける目次と扉

疑問や心配

理系職が行うプレゼンでは、多くのデータや経緯を説明しないと結論には達しないものもあります。こういった場合の工夫はどのようにしたらいいのでしょうか？

解決

解決方法の一つに**「内容構成」のスライド**を作成する方法があります。ビジネスのプレゼンでは、発表の開始スライドとしてアジェンダ（agenda）を出すことがあります。しかし、アジェンダは「これから解決したいことや課題を話し合うような内容」であり、研究や技術発表の目次とは異なります。

例えば論文では「要旨、諸言、実験方法、結果、考察、結論、謝辞、文献」と要素分けして、読みやすくする構造になっています。理系職の方は、このスタイルに慣れているため、プレゼンの最初にこういった分類分けを目次として提示することで、聴き手は心の準備ができます。

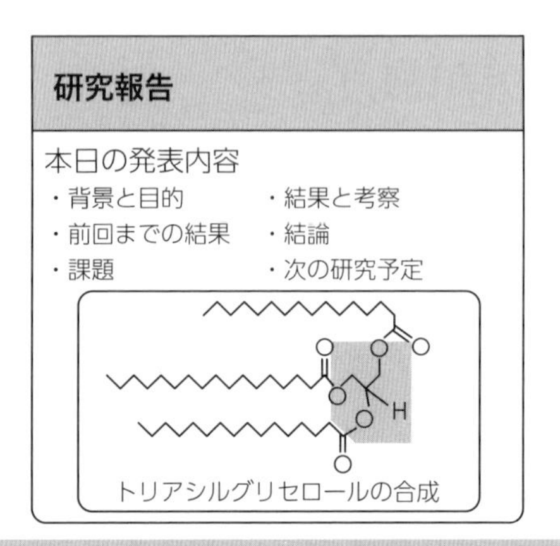

プレゼンを開始する際に出す目次のスライド例

また、その目次に沿って発表を行う場合、その項目が切り替わるタイミングで、「次に結果と考察に移ります」と言えるように、「考察」と書いた**扉スライド**を用意することも、余裕を持って発表するためのコツになります。こういった扉スライドは現在の発表位置を参加者に理解してもらうことができ、参加者がプレゼンの中で迷子になることを防ぐことができます。

また、扉スライドはスライドと配布資料の対応関係を示すことができるため、参加者の内容の理解に集中することができます。さらに、配布資料のページをスライドの片隅にしておくと、参加者は配布資料にメモをしやすくなり、より深く内容を理解できるようになります。これらの工夫をすることで「今、どこにいるのか？」を把握し、「ついていけない」といった心理的感覚を防げます。

また、プレゼン資料以外にも「発表の仕方」で参加者の意識を誘導するやり方があります。例えば参加者にスライドを見てもらいたい場合には、以下のような言葉を参加者にかけることで、スライドに集中してもらうことができます。参加者は配布資料とスクリーンを見ながら話を聞き、頭の中では思考をしているため、一つの内容に対して複数の方法で情報伝達がされています。「今、何をすべきか」のタイミングは話し手が行ってあげることで、正確なガイドをすることができます。

例えば、参加者にスライドを見てもらいたい場合には、

① スクリーンにご注目ください。

② これからスライドを使用して、○○の内容を説明します。

③ では、○○の内容を説明しますので、いったん手を止めて前をご覧いただけますか。

Point

- 目次や扉スライドを作ることで迷子を出さない
- 発表者が進行位置を明確にする

Column

ユニバーサルデザイン

大学の授業の講義資料では、ユニバーサルデザインを取り入れることが推薦されています。先天性の色覚異常を持った人の割合は多く、日本では20人に1人が該当するといわれています。こういった人に対して、大学の講義では授業の理解度を講義資料によって不利にさせないために取り入れられています。

色覚異常と一概にいっても、色の見え方は人それぞれです。たとえば授業でグラフを出す際には、棒グラフや円グラフではなく。折線グラフを用いて、さらに線の色を使い分けるのではなく、実線と点線で分けるなどの工夫をします。また、色を使う場合でも、暖色系の色（赤〜緑）と寒色系（緑〜青）を交互に並べます。

また、フォントも明朝体でなく、線の太いゴシック体を選ぶことや、スライドを指し示すポインターには赤ではなく緑色のポインターを利用します。世界的にはこのような試みが企業でも行われており、グローバル化に伴って日本企業でも取り入れられ始めています。

3-7

伝わりやすい理系のプレゼン

「伝わりやすい」＝「わかりやすい」

疑問や心配

プレゼンの後に「内容が伝わっていない」と指摘を受けました。何が問題なのでしょうか？

解決

理系職のプレゼンでは専門用語を多く使うため、どうしても専門から外れた聴き手は理解が追いつかなくなってしまいます。したがって「わかりやすい」プレゼンを目指すことが「内容を伝える」近道になります。

聴き手にとってわかりやすいプレゼンとは、内容が論理的に書かれ、専門用語が定義されているプレゼンのことです。これは配布資料にも同じことが言えます（2章2-7）。また、結論と根拠、現象と要因、全体と詳細などの関係が明確に表現できていると、聴き手の考える筋道が明確になり、伝わりやすさが増します。発表者がいくら革新的な内容を発表しても、聴き手が理解・評価できないと、結局は発表していないことと同じになってしまいます。

内容が論理的 ＋ 専門用語が定義されている ➡ 筋道を通す

理系職のわかりやすいプレゼン

わかりやすい表現で伝えられていることも重要です。配布資料や発表内容は、できるだけ短文にして一文一意にまとめること（2章2-20）や、ことばの使い方もできるだけ専門用語は使わずに、平易な言葉で伝えること（2章2-13）をお勧めします。文章をつなげて話をすると、一度にいくつもの言葉の意味を理解しなければならず、何の話をしているのかがわからなくなることがあります。例えば中学生でも理解できる言葉や内容で説明する努力をすれば、どんな聴き手でも理解しやすくなります。

発表の流れとしては、理系職のプレゼンでは要素となる項目が多いため、**「全体」から「詳細」の流れで伝える**ことが重要です。前半に、詳細な実験データや技術内容の話が続いてしまうと、参加者はこれらの要素を頭の中にとどめていくことは難しく、その後に全体像を聞いても連動ができません。そのために、まずは発表全体を伝え、この要素である詳細な内容を整理しながら伝えていきます。完成図を把握してから部品を組み立てることと同じ過程を進めることができ、ゴールまでの道筋も理解できるので安心して聴くことができます。

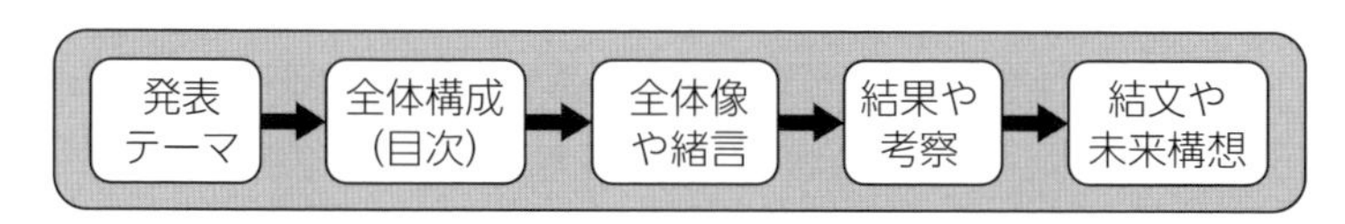

理系職のプレゼンをわかりやすく伝える道順（例）

一方で、参加者からのリアクションがないため、「内容が伝わっていない」と指摘を受けたことがある人もいると思います。学会発表などでは「完璧なプレゼンほど質問がない」と言いますが、会議では参加者から自分が想定していない質問を引き出す、すなわち「新しいアイディアを出してもらう」ことも目的になります。このためには偏った意見を発表するのではなく、客観的な考察を中立的立場で行い、参加者の意見を引き出す工夫をしましょう。これにより、参加者は発表者に気遣うことなく考察を深めることができ、結果として発表者と参加者の相互が活発に議論できる場を作ることができます。

　また、質問の答えを想定することを怠らず、一方で参加者の意見を真摯に貴重な意見として受け止め、むしろ自分の発表に巻き込むような努力をします。特に、質問に対して、真っ向から否定するような答え方をすると、質問者は理解しようとする意識が低下したり、反発心を持ったりし、これは他の参加者にも伝染してしまいます。こういった事態を避ける工夫も「わかりやすいプレゼン」につながります。

Point

- わかりやすいプレゼンは、内容は論理的に、専門用語は定義し、筋道の通った内容にする
- 発表全体を始めに伝え、次に詳細な内容を整理しながら伝える
- 質問は真摯に受け止め、肯定的な受け答えを目指す

3-8 確認項目のチェックシート

確認シート

理系職のプレゼンや配布資料作成に対して「確認項目」としてチェック形式で並べました。作成の確認や見直しに利用してください。この確認をするだけでも、発表前の緊張をほぐすことができます。

聴き手を納得させるプレゼンのスライドや配布資料を作成するために必要な確認項目

(1) **興味を保つポイント**

- □ 目的やアイデア、考え方を絞ったか？
- □ 参加者が興味を持ちそうか？
- □ 参加者が理解できそうか？
- □ 自分のスライドにあなた自身は興味を持つか？
- □ 十分に見直しをして、練習をしたか？

(2) **見やすさのポイント**

- □ シンプルで見やすいか？
- □ 違和感のないデザインになっているか？
- □ 図や表は統一されているか？
- □ フォントは統一されているか？
- □ 文字サイズは適当か？
- □ 装飾文字やアニメーション、色使いは適当か？
- □ 情報量は適当か？
- □ 必要に応じて扉スライドの見出しをつけたか？
- □ 全体から詳細になっているか？

プレゼンの準備
プレゼンに盛り込むべき内容

理系職のプレゼンスライドや配布資料の作成の概略がわかったところで、いよいよ準備に取り掛かります。まずは項目の整理を行いましょう。料理に例えると、いきなり野菜を切り始めるのではなく、必要な素材を整えたり、台所に並べたりして材料全体を俯瞰するようなイメージです。この章では、まずどんな材料があるのか、どんな材料を準備しなければならないのかについて説明します。

3-9

何を盛り込むのか？

プレゼン資料を作るための準備

疑問や心配

　プレゼンを作ろうとソフトを立ち上げましたが手が止まり、考え込んでしまいます。ここから前進するにはどうしたらいいのでしょうか？

解決

　読者の皆さんは、プレゼン資料を作成する際に何から始めますか？パソコンの電源を入れ、パワーポイントやキーノートなどのプレゼンソフトを立ち上げ、次は表紙のデザインと各ページのフォーマットを決めて……と進めていく方が多いと思います。ところが、いざ内容を盛り込もうとすると、なかなか前に進まない人も多いと思います。その理由は以下の3項目が関係しています。

プレゼンの作成が進まない三つの理由

- 何を書くべきか思い浮かばない
- 言いたいことがうまく表現できない
- どのような順番で説明したら良いかわからない

　また、苦戦の末に完成したスライドを見直してみると、単に事実を羅列していたり、長い文章を並べていたり、あるべき順序がバラバラだったり……と脈絡のない内容になっていることに気が付くことがあります。

プレゼン作成の悪い例と良い例

これが定まっていないと、3-3で示した「聴き手の心を動かし、行動を変える」プレゼンを実行することはできないのです。どのプレゼンソフトにも「聴き手の心を動かし、期待した行動を得る」ための機能ボタンはついていません。皆さん自身がこの点を準備してプレゼン資料を作成しなければならないのです。それでは、何を準備するかについて説明します。

「聴き手の心を動かし、行動を変える」ためのプレゼンを実現するための三つの準備

① プレゼンの目的を確認する

② 聴き手を想像する

③ 持ち時間を確認する

一つ目は「**プレゼンの目的を確認する**」ことです。研究職のプレゼンであれば、あなたの研究成果を聴き手に知ってもらい、研究成果についての議論を行いたい、新しいプロジェクトを始めたい、共同研究のパートナーを探したいなどの目的があると思います。一方で技術営業などのプレゼンでは、例えば新商品の説明を行う場合であれば、商品に興味を持ってもらい、サンプルを持ち帰ってもらう、試供品の反応を見る、購入予約にメールアドレスを登録してもらうなどが考えられます。

同じ内容であっても目的が違えば、記載内容、表現、発表すべき順番が変わります。目的の明確化は、プレゼン資料の作成で最初に取り組むべき内容なのです。また、これを明確に行うことで作業の優先順位が決まったり、自分の思考も整理できたり、さらに資料集めの効率も上がります。

聴き手から「何が言いたいのかよくわからない」と指摘を受ける場合は、不明瞭な目的が原因であることが多くあります。話し手が最終的な目的を明確に自覚していなければ、聴き手はより混乱してしまいます。「目的が不明瞭なプレゼン＝伝わらないプレゼン」なのです。

二つ目は「**聴き手を想像する**」ことです。プレゼンを聴く人が、どのような人なのかを想像した上で、「聴き手の役割や聴き手が持つ期待にふさわしいプレゼンを考える」というものです。

例えば、あなたが会社の役員の前で研究発表するような場合を考えてみましょう。この場合の聴き手は、経営者や上席の理系職の人です。聴き手の人たちは会議の中で、あなた以外の複数の発表のプレゼンも見て、評価や判断を行うでしょう。このとき印象に残らなければ、良い評価や期待する判断を得ることは期待できません。

したがって、あなたのプレゼン内容に会社や参加者の関心（新製品、売上増、問題解決など）を含めることで、聴き手の興味を惹くことになります。よって、上司からの指示や会社の経営計画にプレゼン内容が一致しているかなどの事前確認が必要です。もし経営者が研究者出身であれば専門用語を多用しても問題ないでしょう。一方、そうではない場合は、専門用語の使い方に注意が必要です。このようなことをきちんと想定すると、自ずとプレゼンに盛り込むべき項目や表現方法が決まるのです。

三つ目は「**持ち時間を確認する**」ことです。あなたに与えられるプレゼンテーションの時間はあらかじめ決まっていると思います。持ち時間10分と言われた場合、質疑応答の時間が含まれているかいないかなどを確認するなどして発表時間を設定します。

また、与えられた制限時間を目一杯使うことが基本ですが、**「制限時間を厳格に守る」ことは絶対条件**です。発表時間が10分と決められているのに、その時間で終わらないと「発表の練習をしていない」と解釈されてしまいます。「せっかくの機会を大事に思っていない」「活かそうという意欲がない」という評価になるかもしれません。

「そんなに時間に厳しいの？」と思われるかもしれませんが、プレゼンは聴き手の時間も使って行われており、消費時間に対する価値を評価されていることになります。こう考えると、時間を守れないということは、相手の時間を無駄に奪うことになります。時間厳守は徹底しなければなりません。

良いプレゼンを実現するための三つの準備を無視した例

プレゼンの準備がなかなか進まない人は「プレゼンの準備＝スライド作成」ではないことを理解し、上記に示した三つの手順を確認することから始めましょう。

Point

- 「プレゼンの準備」は「スライド作成」ではない
- プレゼンの目的、聴き手の想像、持ち時間を確認してから作り始める

Column

人生は、プランとプレゼンでできている」

多くの読者の皆さんは「プラン」と「プレゼン」と言われても、自分の人生にはそれほど関係がないと思っているのではないでしょうか。これは大きな間違いで、むしろ人生は「プラン」と「プレゼン」でできているといっても過言ではありません。例えば、あなたがクラブのリーダーやキャプテンだったら、練習メニューや試合のプランを組むこともあるでしょう。部活動のキャプテンとして（キャプテンでなくても上級生になれば）、みんなのモチベーションを引き出したり、プランを実行するための説明をしたりすることもあるでしょう。こういった機会は就活の際も同様です。会社の情報を調べ、内定をもらうためにプランを立てます。そして採用試験では研究説明や自己PRを理路整然とプレゼンするわけです。

個人レベルでも、「結婚、出産、子育てをどうする？」「今度の連休はどう過ごす？」「家は賃貸？　持ち家？」などなど、すべてプランです。これを話し合うことは、ある意味「プレゼン」です。

社会人になっても「プラン」と「プレゼン」は続きます。理系職であっても組織全体の目標があり、チームにも目標があります。その目標をどのように、誰と、予算をいくら使って達成するのかのプランを立てます。次にこのプランの承認や参加者を募ったりするためにプレゼンを実施するのです。

すべての行動は「プラン」と「プレゼン」で構成されています。これを円滑に行えるようになることが、行動力につながるのです。

3-10

課題は何か

プレゼンの出発点

疑問や心配

「プレゼンの準備」はプレゼンソフトを立ち上げることではないとわかりました。それでは、プレゼンの中身の作成は何から始めればよいのでしょうか？

解決

プレゼンの準備を行う過程では、多くの方が、思いついたものをとにかく書き出し、アイディアなどを十分に発散させてから、それを整理したり収束させたりすることで、内容を構成していると思います。新しいアイディアを考案し、提案する場合はこれでもよいでしょう。

しかし、例えば社内で新規事業開発を行う際にコンペがあり、アイディアを役員にプレゼンして採用を試みたとします。役員は、アイディアが生まれた背景や課題、製品が実現した際のインパクトなど、ほとんどの情報に初めて触れます。短い時間でエッセンスを確実に伝えようとするならば、それぞれの要素の結びつきや流れをわかりやすく設計しなければなりません。せっかく準備したプレゼンが、発表形式によって伝わらなくては苦労が報われません。

それでは伝わるプレゼンの構成とはどのようなものでしょうか。聴き手の興味を惹きつけるプレゼンでは、まず「**あなたが解決しようとしている課題は何か**」について発表します。これはあなたのプレゼンの「予告」です。この課題を聞いた人が「それは確かに重要な課題だ」と思ってくれれば、以降のプレゼンにも関心を持ってくれます。続いて「その課題を解決する方法を発表します」という形で説明をつなげると、聴き手の興味も持続されます。

次に、「課題の本質」について説明します。課題には二つの種類があり、一つは「**顕在的あるいは一般的な課題**」（誰が見ても課題なもの）です。例えば、交通渋滞、エネルギー問題、超高齢化による医療費の増大などがこれに当たります。

もう一つは、理想と現実の間に存在するギャップです。これは「**潜在的あるいは個別的な課題**」（まだ気づいていない課題）と言えます。例えば理想的なワークライフバランスの取れた生活と、現実には取れていない生活の間にギャップがある場合です。この課題（ギャップ）の原因は個別であることが多く、ビジネスになりにくいのではと思われることもあるのですが、適用範囲を広げて説明することで、共感者を増やすことができます。

これら二つの課題が生まれる発生源を言葉で表すと、不便、不満、不足、非効率、非生産的、未実現、未充足など、「**不**」「**非**」「**未**」などがつく言葉が当てはまります。したがって、課題の説明にはこれらの単語を使うと、わかりやすいプレゼンになります。

課題が生まれる発生源の言葉

また、その課題が深刻であればあるほど、さらには緊急性が高ければ高いほど、聴き手を惹きつけることができます。一方で課題に対してそれほど困っていない程度だと、聴き手の共感を得ることが難しくなります。頭が割れるほど痛ければ、高価な鎮痛剤でも迷わず買いますが、健康なときに高価なサプリメントを購入する人はあまりいません。このように課題の度合いによって聴き手の関心度が変わるのです。

ビジネスの世界におけるプレゼンは、「Vitamin（ビタミン）でなくPainkiller（鎮痛薬）を」「Nice to have（あるといいなあ）ではなく、Must have（なくてはならないもの）を」という言い方をして、課題の深刻度を上げてプレゼン内容の強調をします。

課題を語るときに大切なことは「**具体的に説明する**」ということです。例えば「SDGsを取り入れた製品開発をしたい！」という研究提案をしたとすると「どの製品を、何を開発することで、何が実現するのか」など、具体的な点が何もわかりません。「世界を平和にしたい」と提案しても誰も反対はしませんが、具体的な手段や手法がイメージできないので、聴き手を惹き込むことはできません。

「課題」をしっかり深堀りして、その本質を理解し、できるだけ具体的に説明することで聴き手の関心を惹きつける。これがみなさんのプレゼンが目指す出発点になります。

Point

- 「課題は何か」「その課題の本質は何か」を深掘りする
- 課題の発見は「不」「非」「未」がつく言葉を思い出す
- 課題はできるだけ具体的に説明する

3-11

課題を抱えた人は誰か

課題はあるはず。でも、それは誰の課題？

疑問や心配

前項で「課題」の本質を見極めることが大切だと理解しました。次に検討すべき項目は何でしょうか？

解決

次に検討すべき項目は「課題を抱えた人」についてです。ビジネスプレゼンにおいて、課題を抱えた人とは「顧客」を指すことが多くありますが、理系職の場合は社内の生産や営業などの部門の人も該当するため、本書では総合的に「課題を抱えた人」と呼ぶことにします。

プレゼンを作成するとき、課題の特定まではそれほど難しくありません。しかし、その「課題を抱えた人は誰か」となると、正しく定義することが難しくなります。例えば「少子高齢化問題」と言われると、これは確かに課題だなと感じます。しかし、「少子高齢化とは誰にとっての課題？」と問われるとどうでしょうか。これを課題と感じている「人」とは高齢者なのか、それとも子供たちなのか、あるいは行政なのか……、よくわからなくなってしまいます。これは、人それぞれ課題の捉え方が違うことが原因です。

あなたが解決したい課題について「この課題を抱えた人は誰なのか？」と問われ、思いがけず答えに詰まってしまう場合、あなたはプレゼンの作成で不明瞭な要素を有していることになります。このような場合は、一気に答えを出そうと焦って考えても、正解には辿り着けません。焦らず幅広く仮説を立て、じっくりと検証していくことで、少しずつ正解に詰め寄ってみてください。

それでは、この詰め寄り方を具体的に説明します。第１段階として「**その人の立場をとる**」「**当事者になって考える**」を行ってみてください。例えば先ほどの少子高齢化問題では、自分が高齢者だったら、あるいは子供を持つ親だったら、「どう考え」「どう感じるか」と考えてみてください。

第２段階として、その**立場を細分化**していきます。高齢者といっても、健康でお金に不安のない高齢者もいれば、健康や家計に不安を抱えた高齢者もいます。また、生活の中心が首都圏の高齢者や、地方や離島で一人暮らしをしている高齢者もいます。課題を抱えた人が、日々どのような生活をして、その課題に対してどう感じるかなどを想像し、対象になりうるかを検討します。

第３段階として、**その方々を取り巻く社会環境を想像**します。住んでいるところ、地域の文化や固有の価値観、周囲の方々の状況、年収や家族構成、働き方、休日の過ごし方、お金の使い方など、できるだけ広範囲に、さまざまな切り口で仮説を立て、検証することで、真の課題を抱えた人像が具現化してきます。

高齢者って誰なんだろう？

少子高齢化を考える場合の「高齢者」の意味

このような方法を用いて、課題を抱えた人を炙り出していくと、自ずとプレゼン内容の方向性も見えてきます。

Point

- さまざまな仮説を立て、検証することで、この課題を抱えた人の真の姿が見えてくる
- 課題を抱えた人は「データ」ではない。顔が思い浮かぶまで具体化する

3-12
どのように解決するのか

課題に応じた内容を細分化して考える

疑問や心配

前項で「課題を抱えた人」の探し方を理解しました。次に検討すべき項目は何でしょうか？

解決

次に考えるべき項目はその課題を「どのように解決するのか」です。実は、課題の本質をとらえ、課題を抱えた人の定義が適切であれば、あとは解決をするための工夫をするだけです。場合によっては、答えがドミノ倒しのように導き出されることもあります。

ただし、自動的に解決されることがあるからといって侮ってはいけません。解決方法の解像度が低いことや具体性が乏しいと、中途半端な課題の解決で終わってしまうので注意が必要です。例えば、「就活中の学生は会社の情報がなくて困っている」という内容の課題があるとします。この解決方法として、「会社の情報を共有できるSNSを作ろう！」と提案したとします。一見すると、課題を解決するための良い提案ができているように見えますが、情報を集める具体的な方法が提案されておらず、もし情報が集まらなければ解決にはつながりません。すなわち、これは願望を示した提案でしかないのです。

それでは解決方法の解像度や具体性を向上させる方法を説明します。まずは前項で説明した「課題」と「課題を抱えている人」の設定ができている場合、次に「どう考えるかの道筋」を構築します。課題の本質を見極めるため、構成する要因 1、要因 2、…、要因 *n* とツリー表示で整理します。さらに、この分けた要因 1 を構成する要因を要因 1.1、要因 1.2、…、要因 1.*n* というように分けていきます。さらに、要因 1.1 を構成する要因を要因 1.1.1、要因 1.1.2 といった具合で分け、さらに……（以下、繰り返し）。このように、課題を構成する要因を細分化することで、解像度や具体性の細部に渡る可視化を行います。課題が発生した原因を断定し、この整理された状態で高い解像度や具体性を有した解決方法を提案します。

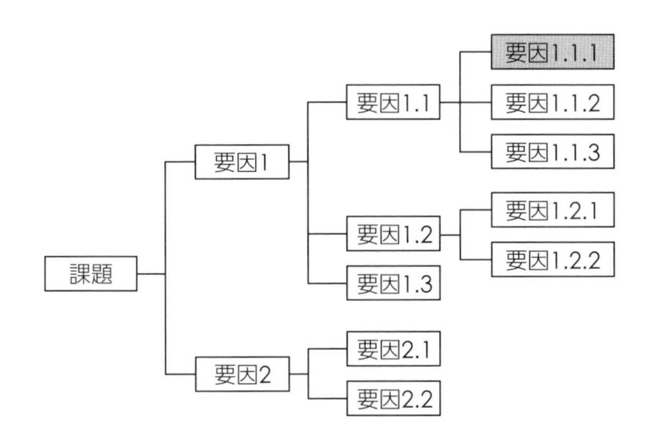

課題を細分化し明確にするためのツリー表示

それではこの方法を用いて、先ほどの「就活中の学生」の例を書き換えてみましょう。まずは「就活中の学生は会社の情報がなくて困っている」という課題に対して、「会社の情報」とは何かについて具体的に内容を細分化します。例えば、「理系職社員の生の声がない」「説明にある業界用語が理解できない」「ネットに載っている説明を繰り返し言っているだけ」「日々の働き方の実態が見えない」などと細分化していきます。

一方で就活中の学生（課題を抱えた人）についても、現在の状況、学年、希望年収、やりたいこと、課題度、居住地などさまざまな切り口で状態を細分化します。その上で、課題度の割合に応じて「群」を特定し、その群に含まれる人が満足する方法は何かを検討して、これを「会社の情報」と擦り合わせます。

このように解像度や具体性を向上させたうえで、解決方法を提案すれば、納得できる内容に自動的になります。また、解決方法は具体的かつ簡単に示すことで説得力がより上がるので、ぜひ実践してみましょう。

Point

- 課題を細分化することで解像度や具体性を向上させた課題の解析を行い、これに直撃する解決方法を考える
- 課題解決を明確にし、その方法を具体的かつ簡単に示す

3-13
実現に必要なリソースは何か

実現性の保証や信頼性としての自己紹介

疑問や心配

課題の本質、課題を抱えた人、解決方法を検討する、ということを理解しました。これで「聴き手の心を動かし、期待した行動を得る」プレゼンを作成できるのでしょうか？

解決

課題の本質を直撃し、その課題を抱えた人も正しく定義でき、解決方法の中身も説明できています。「これであなたは目指すべきプレゼンを作成できます！」と言いたいところですが、実はあと一歩です。

もしあなたが「手順は間違っていない」「内容に不足はない」とプレゼンを終えたとしても、なぜか聴き手の「反応が悪い……」「どうも伝わっていない……」といった手応えの無さを感じることがあります。それでは、こういった満足感が得られないケースは何が原因なのでしょうか。

それは、聴き手に「この解決手段は実現する気がしない」と思われてしまうことです。あなたが作成したプレゼンで「課題の深刻さはわかる」「課題を抱えた人の定義も評価できる」「解決方法も適切だ」といった内容が伝わったとしても、プレゼン終了の時点では、課題解決の提案は、実現を願う空想でしかないのです。

それでは、聴き手に「実現が可能である」と感じてもらうにはどうしたらいいのでしょうか。それには「解決する人（＝みなさん）や物

（持っているリソース）の具体的な紹介」を加えます。このような、聴き手に「機能する自己紹介」をすることで、「この人の話なら本当に実現しそうだ」「このチームなら信頼できそうだ」と思ってもらえるようになります。

この自己紹介は課題解決の実現を保証する証拠や信頼性を生み出す役割を果たすものです。このためには、適切なタイミングで、時間を割いて、必要なことを具体的に紹介する必要があります。そこで、紹介すべき内容例を次にまとめました。

自己紹介すべき内容例

- 課題解決に取り組む理由としての体験
- あなたやチームのビジネスキャリア、研究キャリア
- 研究やビジネスネットワーク、メンバーの多様性
- モノやカネ、スキルや知財など保有リソース
- 役割分担や過去の実績、トラックレコードなど

事実だけでなく、なぜそのビジネスを行うのか、なぜその人でなければならないのかという思いの部分など、数字や文章にならない「情熱」を示すことも重要です。

社外においては、プレゼン冒頭に自己紹介を行うことが本来のマナーですが、冒頭の自己紹介はマナーに反しない程度に短く行い、「機能する自己紹介」はプレゼンの中盤あたりで行いましょう。また、プレゼンの中で「機能する自己紹介」は、課題解決のエビデンスになるため、課題解決の提案の後に話すことが適切だと思いますが、「ここでなければならない」という不動のタイミングはなく、全体のプレゼンの流れを考えて、効果的と思われる場所へ挿入してみましょう。

ここで注意ですが、著名な経営者や大学教授などがチームに顧問やアドバイザとして参加していると説明するプレゼンを見ることがあります。しかし、実体的には単なる名義貸しの場合もあり、その場合は逆に実現性のイメージが下がるので、実態に合わせて正直に説明を加

えましょう。

Point

- 機能する自己紹介（チーム紹介）で高い実現性をイメージしてもらおう
- 自己紹介の役割を考え、適当なストーリーの流れに乗せることを意識しよう

3-14

カラクリを説明する

どんな商品またはサービスなのかを、さらに詳細に分類する

疑問や心配

プレゼンを作成するための材料の準備が整いました。でも何かが引っ掛かり、不安が残ります。自信を持つために何が足らないのでしょうか？

解決

聴き手には、課題を解決したいということに共感し、解決方法が正しいことを理解し、課題を抱えた人の状況を把握し、実現可能イメージも持ってもらいました。プレゼンの作成も完成に近づきましたが、もう少しだけ検討する項目があります。

プレゼン内容をさらに納得してもらう工夫として「話したい内容の中身が何か？」を明確にします。読者の中には「それは3-12の解決方法の項目で説明したのでは？」と思う人もいるかもしれません。では、なぜ同じことを再度ここで説明するかというと、中身を詳細に具体的に説明することで、聴き手だけでなく「自分自身の理解も深めてほしい」からです。

ここで説明する中身というのは、3-12で説明した内容をより詳細に説明するものです。例えば、モノやサービスを例にすると「モノ」であれば、そのサイズや形状といった外観から、機能やスペック、性能まで説明します。「サービス」であれば、どんな価値がどのように入手できるのかといった説明することを指します。そこで、事例をも

とに具体的にまとめます。「モノ」や「サービス」の違いはありますが、それらの価値については、次にまとめた内容のいずれかに該当するのです。

プレゼンの内容を理解してもらうための
四つのメニューと七つの価値

内容としては、この四つのメニューと七つの価値の組合せに該当し、それは複数に渡り合うこともあります。このように、どんな商品またはサービスなのかを詳細に分類し、説明することで、「自分自身の理解」も深まり、「価値の具体性」も実行できます。

商品の質を多面的に考える

ところで「自分自身の理解」とはどのようなことでしょうか。これは「あなたのアイディアが持つ価値について、自分では気づいていないことがある」に起因します。これは、とてももったいないことです。課題を抱えた人は明確な価値に対して対価を支払うことから、価値がたくさんあれば、利益をたくさん得る機会があるということです。さらに、機会が豊富であれば、さまざまな収益モデルを検討することができ、ビジネスモデルの選択肢も増え、価格戦略上も有利に働きます。

次に「価値の具体性」について説明します。一般的に不明瞭な価値の商品は絶対に売れないことが知られています。例えばコーヒーを例にすると、ホットコーヒーやアイスコーヒーの価値の一つは温度です。寒い日はホットコーヒーがよく売れ、暑い日はアイスコーヒーがよく売れます。

それではぬるいコーヒーはどうでしょうか。どの季節においても売れないと思います。それはぬるいコーヒーの価値がよくわからないからです。こういった場合、それはぬるいコーヒーの価値を「熱すぎないので缶を手で持つことができます」や「冷たすぎないので体を冷やしすぎません」といった「新たな価値」を具体的に作ることで、もしかしたら売れるかもしれません。これは「ぬるい」から「ちょうど良い」という言葉に思考を向けさせ、その価値を明確にする工夫を行ったからです。

価値を明確にすることに成功したら、宣伝用のチラシや商品ページの紹介文、取扱説明書に書かれている説明文などを作成するつもりで書き出します。これで必要な項目がもれなく書き出せるはずです。また、顧客の利用シーンを思い浮かべ、使用する状況をシミュレーションして検討すると、さらに情報が豊かになります。提供側の視点ではなく、あくまでも課題を抱えた人の視点で考えることが大切です。

Point

- 商品やサービスの中身をメニューと価値から幅広く検討する
- チラシや取扱説明書をイメージして要素を抽出する
- 顧客視点で商品やサービスの中身を作成する

3-15
市場と未来を説明する

「大きな数字から算出」と「小さな数字から推定」

疑問や心配

研究報告プレゼンを作成している段階で「市場や未来予想」を考えることが苦手で困っています。何か克服する案はありますか？

解決

「市場と未来」を説明することは難しいものです。しかし、プレゼンの「背景」には必ず盛り込むべき内容です。例えば、その分野が過去や現在どのような状況で、みなさんの研究成果が将来どのように扱われるか（誰がどんなふうに使ってくれるのか）を言及するということです。これにより、聴き手は未来をイメージしやすくなり、高い関心を持つことにつながります。

ここで、**「市場」**とは**「課題を抱えた人」**と考えることもできます。「それって 3-11 で説明したのでは？」と思われるかもしれませんが、ここでいう「市場」とは課題を抱えた人の「集合体」のことです。したがって、全国あるいは全世界に、現時点だけでなく将来にわたり、該当する課題を抱えた人がどれくらい存在し、どのように変化するのかという視点で説明することが必要です。例えばビジネスであれば市場が大きいほど収益機会が増し、研究発表では同様に社会的インパクトが大きいことを指します。

「市場と未来」はどのように説明すればよいでしょうか。それは「課題を抱えた人の集合体の量と、未来の変化の量」を示すことです。

ところが、このような説明をすると皆さんは「定量的、つまり数字で示すにはどうしたらいいのか？」と困ってしまうかもしれません。

説明方法の一つに、課題を抱えた人や組織の数を調べ、使用頻度、期間、規模、成長率などの変化から数字（または固有名詞）を算出し、これを具体的に示す方法があります。また「大きな数字から算出」したり、「小さな数字から推定」したりする方法もあります。

「**大きな数字から算出**」とは、統計や文献を用いて、課題のサイズを算出することを指します。ただし、この算出には注意が必要です。例えば「日本の 75 歳以上人口は約 1850 万人、そのうち 10%が我が社の製品の購入対象となり得るので、顧客規模は 185 万人です」という説明があったとします。数字や計算は合っていますが、適切な市場を示しているとは限りません。読者の皆さんの中には「10%が多く見積りすぎているのでは？」と考え、こういった場合は控えめの数字にしなくては、と思われる人もいるかもしれません。しかし、そうではありません。適切な市場だと思われない理由は「控えめ」とか「強気」ではなく「10%の根拠がない」ことが問題なのです。

「**数字に根拠を示す**」には、課題を抱えた人（上の例では顧客）へ製品の宣伝が到達できる手段をセットにして説明することが必要です。上記の例の場合、「高齢者施設や病院、あるいは高齢者の家族などに宣伝できるルートが確保されている」とか、「高齢者がよく読む新聞に広告を掲載すると、一般的には反応が○%確保できる」など根拠を用いることで、この数字（この例では 10%）の根拠が示されます。根拠が示されなければ、ただの願望に過ぎません。

一方、「**小さい数字から推定**」とは、フェルミ推定とよばれる手法のような考え方です。フェルミ推定は、一見、予想もつかないような数字を、論理的思考を頼りに概算する方法です。例えば電柱にセンサーをつけて情報収集やプッシュ通知を行うようなデバイスを考案したとします。○○市に電柱が何本あるかを算出する場合に公的資料がなければ、電柱の間隔は約 30 m、市内の主要な道路は総延長 120 km、道の両側に電柱があると仮定すると、電柱の数はおよそ 8000 本という計算が成り立ちます。必ずしも正確ではありませんが、このように説明を加えることで、聴き手の納得度は向上します。

フェルミ推定を用いた電柱の本数の推定とセンサーの生産数の算出

「大きな数字から算出」と「小さな数字から推定」は、両方を行い妥当な数字を見出すことで説得力向上につながります。聴き手を説得するだけでなく、自分自身も納得し、安心して業務に取り組めるようになります。

プレゼンの作成では、ブラッシュアップ（企画やアイディアなどを再考してより良くする）の積み重ねが内容を「具体的にしていく」ことにつながります。具体的な数字や固有名詞を入れることで、聴き手が実現可能性を強く感じます。なんとなく「世界を良くしたい」と言われるより、「こういう方法で、いつまでに、○○の地域の課題を解決し、住民に安心をもたらします」と提案したほうが、聴き手は具体的にイメージすることができ、また共感しやすいのです。

Point

- 対象となる市場、業界、属性を、設定した課題とともに徹底的に検証する
- できるだけ数字や固有名詞で語り、具体化した内容をプレゼンに盛り込む

3-16

競合を分析する

星取り表やポジショニングマップを活用

疑問や心配

研究報告のプレゼンの内容を上司に事前確認してもらうと「競合分析を行ったか？」とコメントを受けました。研究報告で競合分析をどのように行えばいいのでしょうか？

解決

「**競合分析**」とは、特定の顧客に対して、競合他社よりも価値ある商品を提供するために、競争する相手を正しく理解し、特徴や優劣を比較するための分析です。一般的にはビジネスプランを立てる際に行う分析なので、読者の中には「研究発表のプレゼンには不要では？」と思う方も多いと思います。しかし、会社では研究発表であっても競合分析をプレゼンに含めることがあります。ただし、ビジネスプランの場合と異なり、研究発表における競合分析は競合会社だけではなく、先行研究や類似研究との比較も対象になります。

ビジネスプランにおける競合分析では、「競合会社はどこか」をまず示します。よくある競合分析のプレゼンでは、類似の商品やサービスをすでに販売している会社名や商品名を列挙し、一枚のスライドに並べて優劣を星取り表で比較するやり方です。しかし、これを見ていた聴き手は「自己に都合が良い、勝手な比較ではないか」と感じるものです。多くの場合が、自社製品が一番良い評価になるように作り上げているので、聴き手はこのスライドをあまり重要視しません。

それでは、聴き手が重要視してくれる資料はどのように作ればいいのでしょうか。移動方法の選定を例に説明します。あなたは航空会社Aを基準とします。同様の規模や実績を持つ航空会社B、サービスの質が落ちる航空会社C、新幹線などが競合になります。さらに、高速バス、自家用車、…と次々に競合が挙がります。

次に、このリストの内容に対して「評価と判断」を行います。飛行機以外は「移動後の仕事に支障が出そうだから対象外」などと評価と判断をしていきます。この評価と判断が「価値」になります。したがって飛行機は高い価値を持ち、それ以外は低い価値になります。このように各要素に価値の高低を付け、高いものだけを絞り込むことで価値が高い内容が残り、これらをさらに競合分析することで、聴き手が重要視してくれる資料に絞り込めます。

みなさんは、自分の研究の「アイディア」や「発見」と同じような価値の研究を探し、これと比較することが求められます。特に研究の場合は、アイディアや発見そのものが価値であるため、既知のものに対する発展性や独自性を示す必要があります。

次に、競合分析で用いられる表現方法について説明します。ビジネスプランでは「星取り表」と「2軸・4象限マトリクス（ポジショニングマップ）」がよく使われます。価格（高級・廉価）とか、場所（室内・屋外）などで分類し、優劣を比較したり、どの象限に位置するかを示したりします。研究発表でも価値の比較を正確に行うことで利用できます。

星取り表の例

	当社	A社	B社
価格	◎	△	○
耐水性	△	○	×
軽量化	◎	△	◎
種類の多さ	○	×	△

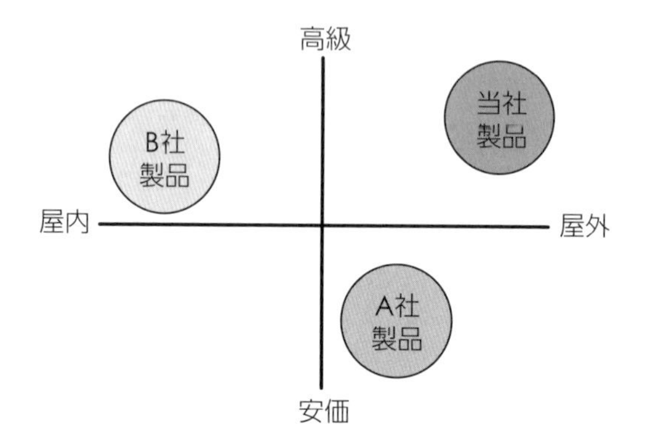

ポジショニングマップの例

ただし、自分の内容を有利に見せるため、軸の定義（価値の定義）を自分の都合で定義する人が多くみられます。この軸は発表を見ている人の価値、つまり顧客視点で定義をして、初めて聴き手が重要視してくれる資料になるのです。

Point

- 価値で競合するのが真の競合
- 比較の軸は、顧客＝課題を抱えた人が感じる価値で考える

基本構成を考える

ここまで、プレゼンに必要な材料＝説明すべき項目について説明してきました。この材料が整った段階で、次の段階に進みます。次の段階は「基本構成を考える」です。料理でいうと、どのような順番で調理するかにあたります。

この調理の仕方（＝構成）を間違えると、せっかくの食材を活かせない、美味しくない食事になってしまいます。まずは、大局的な構成を考え、理解しやすいストーリーを作ることで、聴き手の関心を持続させましょう。

3-17

観客とつながる

聴き手と打ち解けることから始めるプレゼン

疑問や心配

プレゼンの材料が揃いました。次は何を行えばいいのでしょうか？

解決

まずは、プレゼンの基本構成を組み立ててみましょう。あなたのプレゼンの持ち時間が短い場合は「本題」から入り、端的に説明することが求められます。一方で持ち時間が十分にある場合は、まずは「聴き手とつながる」ことを意識しましょう。

でも「聴き手とつながるとはどうやるの？」と思われる人も多いでしょう。プレゼンが始まる前というのは、発表者も聴き手も緊張しています。まだ心の準備、聞く準備ができていない状態です。また、両者全く異なった思考の状態から、聴き手の意識をプレゼンに向けて集中してもらわないといけません。さらに、警戒心も解かなくてはなりません。これができないと、せっかくの「プレゼン＝贈り物」が伝わりません。プレゼンの最初の部分で「聞く準備」を整えてもらう時間をもつことは、後の本題に興味を持ってもらうためにも、プレゼンをする人に好感を持ってもらうためにも、重要な役割を果たします。

例えば仕事でもプライベートでも、初対面の人と会ったときには、いきなり本題を話すのではなく、自己紹介の後、当たり障りのない話から始め、相手のことを理解した上で本題に入りますよね。プレゼンもこれと一緒で、まずは聴き手の応対や温度感を知り、打ち解けた状態でプレゼンを開始する必要があります。こちらの緊張も解け、聴き手も聞く準備ができます。

こういったコミュニケーション術は、落語でも行われています。落語家は来場に対する感謝の意や自己紹介、時節や時事に軽く触れながら観客の気持ちをほぐし、同時に会場の様子を確かめることで聴き手の雰囲気を探ります。これを「まくら」と言いますが、プレゼンでも「まくら」を取り入れると良いと思います。

それでは、どのようにして聴き手とつながると良いのでしょうか。まずは「アイコンタクト」、つまり相手の目を見ることから始めてください。発表する側としては、どうしてもパソコンの画面や手元の原稿に視線が行きがちですが、それは最低限にして、聴き手に目線を向けましょう。聴き手が何百人もいる場合は全員と目を合わせることが難しいですが、こういった場合は、席をおおまかにブロックに分け、順番にブロックに顔を向けるだけで、聴き手は「ちゃんと私を見てくれている」という安心感を得ます。直接目を合わせるのが苦手という人は、相手の眉間や額のあたりを見るだけでもいいでしょう。

もう一つ、主語を「私たち」あるいは「みなさん」にすることです。プレゼンをする立場からすると「私のアイディアは」「私の提案内容は」と話すことが多くなりますが、「私の主張」ばかりを聞いていると「自分とは関係なさそうだ」と感じてしまいます。聴き手に「これは自分と関係あることだ」と思ってもらうために、「私たちの課題を解決するアイディア」といった表現をすることで、当事者意識を喚起させることができます。これにより、一緒に考えようという準備ができます。

発表者
課題を解決する人

聴き手
課題を抱えた人

基本構成は発表者と聴き手の関係作りから行う

聴き手と打ち解けるためにジョークを言う人がいます。これは上級者だけに許された技術で不用意には使用しないでください。聴き手を笑わせることができない場合、逆に聴き手の心が離れてしまいます。ジョークは高いリスクを含んでいますので、伝えたいという思いを逆行させてしまうことを理解しましょう。

Point

- いきなり本題に入るのではなく、まずは聴き手とつながることを意識する
- 主語を「私」から、「私たち」「みなさん」に替えて、当事者意識を喚起させる

3-18
物語の流れを考える

聴き手の関心を惹き続けるプレゼン

疑問や心配

プレゼンが終わると「原稿を読んでいるだけのようで、つまらなかった」と指摘を受けたことがあります。話し方で工夫する点はありますか？

解決

ある意味でプレゼンは双方向の対話のようなものでもあり、発表者が聴き手へドラマを見せるように話しかける必要があります。聴き手に伝えたい内容を箇条書きにして、その原稿をそのまま読み上げてしまうようなプレゼンだと、聴き手は内容を理解する前に関心を失います。あなたの使命は、プレゼン開始から最後のスライドまで、聴き手の興味や関心を持続させることです。それでは、この関心の持続には何が必要でしょうか。これまで、プレゼンに盛り込むべき「項目」について解説してきましたが、ここではプレゼンの「流れ」や「ストーリー」について説明します。

聴き手がプレゼン内容を初めて聞くということは、例えるならば、皆さんが旅行ガイドになって、旅行者（聴き手）を目的地まで連れていくことと同じです。皆さんは旅行者と共に旅する際に、出発地（プレゼン開始）から目的地（結論・最も伝えたいメッセージ）まで、迷子（興味を失った聴き手）を出さずにガイド（プレゼン）を続ける必要があるのです。

これを行うには、必要な項目の網羅や話し方の問題だけでなく、スライドのストーリーの流れや順番・発表項目の組み立てがとても大切です。例えば、一般的なストーリーの流れや順番では、初めに課題を説明し、次にその解決方法を説明し、実現したらどんなに素晴らしい社会になるかを見せます。そして、その解決策が実現可能であること、そのために必要なことが何であるかを説明していきます。このようなストーリーの流れや順番にすると、初めて聞く人でも理解しやすいと思います。旅行でも、混雑時間に人気の場所を見学したり、3時になってやっとお昼ご飯を食べたり、回る順番を誤って遠回りしたり、戻ってしまったりすると、お客さんは楽しめないどころか、クレームが出てしまいます。プレゼンの順番も慎重に決定しましょう。

プレゼンはあなたが聴き手をガイドしなければならない

また、関心を惹き続けるためには「聴き手の予想を超える意外な転換点」が必要です。例えば「どなたも気づいていないかもしれませんが、社会にはこんな深刻な課題があります」とか「今まで誰も実現していなかった解決策が実現しました」とか「先々こんな困難な状況が予想されますが、実は私は対処法を考案しました」というものです。

もし結論がわかっているプレゼンであっても、ストーリーに変化があると、聴き手は飽きることなく興味を持続してくれます。漫画や小説でも、不可能が可能になる、大事件が起こって絶体絶命になるけど何とか勝利するなど、予想を裏切られる場面があるから面白いのです。みなさんのプレゼン内容に、どんなドラマティックな転換点を盛り込めるか、ぜひ検討してみてください。

Point

- プレゼンは「読む」ものではなく、「話す」ものである
- 発表者はプレゼンのツアーガイドと考え、聴き手が置き去りにならないように工夫する
- 起承転結・序破急などの転換点をプレゼンに盛り込むことで、ストーリーの流れや順番を豊かにする

3-19

根拠を持って説得する

聴き手を納得させるプレゼン

疑問や心配

新規開発プロジェクトを行うためにプレゼンで説明する予定です。説得できるプレゼン方法とはどのようなものでしょうか？

解決

プレゼンの構成に必要な項目は、「つながり」「流れ」そして「説得」です。その中でも疑問点を解消する「説得」は、「聴き手の心を動かし、期待した行動を得る」プレゼンを構成する重要な要素です。

みなさんがプレゼンする研究内容やビジネスプランは、今まで誰も知らなかったことを解明した結果を説明するものや、これまで誰も解決できなかった課題の解決策を紹介するもので、聴き手はそれを初めて聞くことになります。

大袈裟な表現かもしれませんが、内容によっては聴き手が「すぐには信じられない」という感覚を持たれるようなインパクトのある内容かもしれません。また、こういったインパクトのある内容は「実現させたいと思っています」「実現できるかもしれないです」という願望を話してしまうと、聴き手から単なる夢日記だと思われてしまうかもしれません。あなたの新発見が真実であること、解決方法が本当に実現できることを納得してもらうために、「聴き手を説得」させる説明をしなければなりません。

聴き手があなたの説明を理解し、心から納得する方法とはどのようなものでしょうか？　それは逆に、あなたが聴き手の立場になったときに納得するための説明を考えてみればいいのです。まずは次の四つの要素に照らし合わせながら考えてみてください。

聴き手を納得させるための確認項目

① 性能や機能を保証する数字、人名、地名、固有名詞、事実、データが示されていること

② 専門家あるいは想定ユーザーを含む第三者の意見が示されていること

③ それを実現できそうな過去の実績、メンバー、必要なリソースなどが揃っていること

④ 実現の障壁になりそうなリスクや課題などを把握し、対策がとられていること

要素①～③は確認しやすい内容だと思います。新しいアイディアが実現することを担保する証拠を示すということで、プランに盛り込むべき内容の「チーム」の部分でも紹介したものです。一方で④については、意外な内容に感じる人もいるかもしれません。リスクや課題というのはある意味では発表者の「弱み」ですので、それを自ら曝け出すことは、むしろマイナスではないかと思われるでしょう。

ただ、聴き手が専門家だとすると、発表内容から、リスクや課題についても簡単に気づくものです。この点に十分な説明がなければ、当然質問されますし、さらに「この発表者はリスクや課題に気がついていないのでは？」と思われてしまいます。

せっかく質問が予想できているなら、最初からプレゼンに盛り込み、リスクや課題をちゃんと認識していること、その対策も検討していることをアピールすべきです。これによって、むしろ内容の信頼性が高まります。

聴き手を納得させるための確認項目

Point

- 聴き手を納得させるための 4 項目を確認する
- 証拠は具体的に、第三者の意見を含め、実現できる根拠を示す
- 課題や社内のリスクも隠さず、対策とセットで説明すると信頼性が増すと心得る

3-20
未来を見せる

聴き手に課題解決後の未来を見せるプレゼン

疑問や心配

先輩のプレゼンを見ていると、些細な説明でも「納得や共感」を感じます。自分のプレゼンとは何が違うのでしょうか？

解決

聴き手の納得や共感を得るためには「見せる」ことがとても重要です。ここでの「見せる」とは、美しいスライドや発表の身振り手振りなども重要ですが、プレゼンに何を盛り込むかという構成要素としての「見せる」を意識すべき、ということです。それでは、構成要素としての「見せる」について説明します。

前項でも説明したように、みなさんのプレゼンは、新発見や革新的なアイディア、今まで誰も実現していなかったことを実現するものという、聴き手の立場では未知の領域に踏み込むものです。聴き手の中には、その分野は素人で、専門用語もわからない人が含まれているかもしれません。その方々に発表内容で取り上げる成果や解決方法の実現を信じてもらうため、それが不可能ではないことを「見せる」必要があります。

前項ではその手法の一つとして、証拠を示すことを説明しました。この手法には、「事実＝そのもの」を見せるということも含まれます。例えば、提案する商品であれば「試作品」「完成品」「実演」「デモ動画」「ユーザーの声」などを見せることが必要です。「百聞は一見に如かず」という格言の通り、実際に「もの」を見ることは、その人を信じさせる、納得させるための近道です。

もう一つ、聴き手に「見せる」べき大切なものは、あなたの提案が実現したあとの「より良い未来」です。例えば長い間多くの人々が困っていた課題が解決されたあとの未来、みんなが望んでいた理想の社会、安全、便利、快適、平等などが実現した状態などを見せるということです。特に、聴き手が望んでいる未来像を具体的に示すことで、多くの共感を得ることができます。「事実」と「未来」、この両方を「見せる」ことを心がけましょう。

人々はより良い未来を見たい

Point

- 事実として、証拠を見せる
- 未来として、課題が解決したあとの状態を見せる

Column

より良い未来を見せる！？

本文中で、良いプレゼンに必要なことは「より良い未来や素晴らしい社会を見せることが大切」と説明しました。読者の中には「ちょっと壮大すぎて実感が湧かないなあ」と戸惑いを感じる方もいらっしゃるかもしれませんので、このコラムで補足説明します。

「より良い未来や素晴らしい社会を見せる」と言っても、「未来の社会を具体的に説明する」とか「30年先の新技術を正確に予想する」ということではありません。皆さんが発表する内容、例えば研究成果や新しいプロダクト、アイディアなどによって、どんな良いことが実現するかを語るということです。

研究や開発によって、今までわかっていなかったことが明らかになった、解決方法が実現可能になったということがあれば、課題が解決し、社会が少しで良くなる方に向かうはずですよね。その「良くなった状態」を想像し、聴き手に説明することが「よりよい未来を見せる」ということです。明日、来月、来年のことや、地球全体というより、まずは身近なものを例にしてプレゼンすることが重要なのです。

これは夢のようなものでもよく、例えば世界のHONDAがまだ小さな工場だった頃、創業者である本田宗一郎さんが「将来、世界最高峰の二輪レースで優勝する」とか、「国産ジェット機を飛ばす」という夢を語り、それに惹かれたエンジニアが集って力の限り頑張り、現在の会社に成長しています。

一方で「世界の貧困をなくす」という壮大な話をすることも良いと思います。ただこの場合は、「そのためにまず地域の子どもの貧困をなくそう」「子ども食堂を始めよう」という段階的な説明をすることで、より理解しやすくなります。

聴き手が協力者へ変わるように、より良い未来を共有できるプレゼンを目指してください。

終わり方

「終わり良ければすべて良し」という言葉があるように、プレゼンの最後が良い形で終わると、過程で多少の失敗があっても良い印象を持たれます。プレゼンの終わりまで、最後の一言まで気を抜かず、やり遂げましょう。

3-21
最後のスライド

プレゼンの要点とメッセージで最後の一押し

疑問や心配

いつもプレゼンの終わり方が中途半端になってしまいます。結論を書くべきか、謝辞で終わるべきか、はたまたこれからの意気込みを書くべきか……、最後のスライドにはどのようなものが適しているのでしょうか。

解決

最後のスライドはプレゼンを締め括る重要なスライドです。学会発表では、結論、謝辞の流れで続くのが一般的ですが、会社内でのプレゼンでは謝辞がないため、最後のスライドは「ご清聴ありがとうございました」と1行書いたものを用意している人が多くいます。ただ、せっかく「あなたに与えられた時間」を、このスライドで消費するのはもったいないので、最後の1秒まで有効に使いましょう。

人は最後に見たもの、最後に聞いたことなどを、それまでの出来事より深く記憶します。例えばオーケストラの演奏会で、途中に失敗があっても、ラストが大いに盛り上がり、感動のエンディングを経験すると、聞いている人は素晴らしい演奏と記憶します。逆に素晴らしい演奏が続いても、最後に失敗があると「残念な演奏会」という記憶を持ちやすくなります。

同様に、読者のみなさんのプレゼンも「大切なメッセージ」「一番伝えたいこと」を最後に改めて強調することが効果的です。あなたの一番伝えたいことは「ご清聴ありがとうございました」ですかと言われれば、そうではないとみなさんは思うことでしょう。ぜひ、スライドの最後の一枚まで有効に使いましょう。

それでは、聴き手の印象に残る最後のスライドを説明します。最後のスライドでは、新しいメッセージや重要な情報を出すことはしません。聴き手が理解できないまま終了を迎える可能性や、時間配分を誤ってしまい、十分に説明できないこともあるかもしれません。このようなことを想定すると、最後に伝えるべき内容は、そのプレゼンで説明したことの要点が最適です。また、聴き手の共感を得て行動変容につなげるため、説明内容のまとめに加えて、以下のようなメッセージを入れることをお勧めします。

共感や感動を得るために最終スライドに入れるべき内容

① 課題が解決することで、素晴らしい製品やサービスを発信し、売上の増加、人々の暮らし向上、利便性向上、社会貢献などにつながることを強調する

例：新技術を利用した製品によって利便性を一緒に向上させましょう！

② 聴き手に意識の変化や行動を促す。

例：ぜひ一緒に取り組んでいきましょう！　みんなで取り組めば必ず実現します！

③ 原体験など最初のストーリーを繰り返す。

例：こんな思いを二度と誰にもさせたくありません！

④ 個人的に宣言する、実現を約束する。

例：絶対にやり遂げて見せます！　ぜひ応援してください！

共感や感動を得るためのプレゼンに必要な四つの内容

また、質疑応答の際に、そのまとめスライドの画面のままにしておくことで、あなたが質問に回答している際も、プレゼンの内容を印象付けることができます。質疑をしている聴き手以外の参加者は、最後のスライドをじっくり見ることができます。これにより理解度を向上させることにもなります。

また、質疑応答の後に、「ありがとうございました」と言うだけでも、聴き手には十分に感謝を伝えられると思います。

Point

- 最後のスライドをより強く認識するため、最後のスライドには要点を明記する
- 共感や感動を得やすい形式にするため、まとめ、宣言、呼びかけなど、最後にインプットしておきたい情報を要約に加える

3-22 完成度をさらに高めるための秘策

説得力を向上し、良い印象を持たれるための確認事項

疑問や心配

最後のスライドの内容や材料が決まり、スライドを作成しました。ただ、「まだ何かできないか？」と不安を持っています。

解決

プレゼンの準備が終わった後に「まだ何かできないか？」と思うことは、それだけプレゼンを大事に思い、聴き手の「理解度向上」、つまり「伝えたい」という姿勢が強く出ているのだと思います。それでは、裏技というわけではありませんが、完成度をさらに高めるための秘策を教えましょう。

それは、本質的なところも含めた「自分の理解度」を確認することです。「自分が研究や調査をして、考案した内容だから、理解できている！」と言いたい読者も多いと思います。

ただ、貴重な機会を最大限活かすため、本番で自信を持って発表するために、この秘策を使ってみましょう。自信を持ってプレゼンできると、聴き手からしても内容の信用性が高いように見えます。あなたが自信を持って発表することも、「聴き手の心を動かし、期待した行動を得る」プレゼンを完成するための必須要素です。

プレゼン前の最終確認として、以下の四つの項目を見直してみてください。形式的にも本質的にも完成度が高まり、きっとあなたのプレゼンに対する自信につながります。

良いプレゼンを作るための確認事項

(1) あなたは発表内容の専門家であり、知識だけでなく情熱を持って発表できますか？

聞いている方々に信頼してもらえるように、知識だけでなく感動まで与えられるようになるには、その分野の専門家である必要があります。また、内容を聴き手に届けたいという強い思いを持っていないと、聴き手の心を動かすことができません。

(2) 発表内容は聴き手の関心を惹きつけるものになっていますか？

聴き手は誰かということを再確認しましょう。その上で、何が一番関心事なのかを想定しましょう。例えば、上司に新しいプロジェクトを始めるためのプレゼンであれば、発展性や進歩性、現在抱えている製品の問題解決などを具体的に強調します。また、金融機関向けに資金調達のためのプレゼンを行うとき、相手が投資家であれば、多少リスクがあっても将来の大きな成長性を強調するべきです。あなたのプレゼン資料は相手によって、強調すべきポイントが異なるということを理解しましょう。

(3) 根拠となるデータなど、引用した情報は正しいですか？その情報は最新ですか？

あなたのプレゼンを支える根拠となるデータ、組織名や人名、地名などの固有名詞など、プレゼンで使用する情報が間違っていると、プレゼン全体の信用が低下します。また、古いデータを用いると、説得のための前提条件が崩れます。どうしても入手できない場合を除いて、情報は最新のものを用いるべきで、これを得るための努力を惜しんではいけません。

(4) 時間内に発表を終了できますか？

見落としがちな点ですが、プレゼン時間を超過することは、大きなマイナス要素です。最後に言いたかった重要なことを伝えられない場合や、時間をオーバーしてもプレゼンを続け、聴き手から大きく減点され、悪い印象を持たれる場合があります。全体の構成が完成したら、持ち時間、スライド数、自分のペースなどを勘案して、きっちり時間内に終わるように練習を重ねましょう。

Point

- 抜け漏れ、正確性、情報の新鮮さなどを何度も見直す
- 持ち時間と発表ペースの確認は必須

上級者を目指すためのテクニック
スライドに頼らないプレゼン術

　さて、ここからは取り扱うテーマを変え、テクニックについてお話ししていきます。良いプレゼンには、もちろん中身が何より大切です。とはいえ、ちょっとしたコツを知っているだけでも、上級者のようなプレゼンができるようになります。完成させたスライドを使い、実際に対面またはオンラインで、みなさん自身がプレゼンするシーンを想像しながら読んでみてください。

3-23

声の使い方

声の「高さ」「大きさ」「速さと間」を意識してプレゼンする

疑問や心配

プレゼンの後に「なんだか印象に残らない発表だった」と指摘を受けてしまいました。内容には面白いストーリーを設け、十分に発表項目を練ったつもりですが、何か問題があるのでしょうか？

解決

プレゼンの際に必ず使うものにもかかわらず、発表者が意外と意識していないことに「声の使い方」があります。プロの声楽家のように喉を鍛えたり、発声練習をする必要まではありませんが、「声の使い方」を工夫することで、聴き手の注意を一瞬で集めたり、信頼感を高めたりすることができます。これを実現するための声の使い方について、声の「高さ」「大きさ」「速さと間」に分けて説明をします。

プレゼンを行う上での声の注意点

声の高さ

普段の会話では意識することがあまりないと思いますが、声の高さを変えることで、相手に与える印象を変えることができます。

いつもより高い声を使うことは、相手の注意を引く効果があります。電車内のアナウンスや飛行機の安全装置の説明などは、普段の会話では使わないような高い声で話している場合が多いことに気が付きます。雑音の中でも乗客の注意を引くために、あえて高い声を使ってアナウンスしているのです。こういった変化をあえてすることで、聴き手の注意を引くことができるのです。

逆に、いつもより低い声を使うことは、相手に信頼感を持たせます。落ち着いた低い声で話をすると、相手もリラックスして聞く体勢になることが多くなります。

声の高低を変えるだけで、印象を大きく変えることができます。話したい内容や目的に応じて調整できるように練習してみてください。

声の大きさ

声の大きさも重要です。聴き手が不快に思うような大きな声や、マイクを使っても聞き取れないような小さな声はそもそも問題外です。

しかし、適度な大きさであっても、最初から最後まで同じ大きさで話してしまうと、聴き手の集中力が徐々に減退してしまいます。つまり、単調な声が原因で聞き手に飽きられてしまうのです。

そこで、聴きやすい声の大きさでプレゼンすることを前提に、「声を届ける輪を考える」という意識を実践してみましょう。例えば、目の前に数名の社長や役員などの聴き手がいて、その後ろに大勢の研究所の関係者がいたとします。基本的には前列の聴き手に向けて、一対一で語り合っているかのような大きさの声を意識します。おそらく、普段使っている声と同じくらいの大きさで話せばいいと思います。その後、大切な部分については、みんなに語りかける大きさを意識します。みんなに語りかけるので、少し声が大きくなると思います。

声の大きさが変わること、つまり届けようとする「輪」が大きくなることで、聴き手は何か変化があったのだな、大切な部分なのだなと感覚的に理解できます。オンラインでも同様に、「目の前」と「聴き手全員」を意識して変化をつけると、同様の効果が得られます。

話す速さと間

話す速さもプレゼンの質を決める重要な要因です。発表には持ち時間があるため、持ち時間やスライド枚数を相関させながら話す速さを決定します。多くのスライドを詰め込みすぎて、早口でなくては話しきれない場合は、聞き取りや理解が追いつかなくなってしまいます。早口で新しい情報がどんどん流れ込んでくると、人は途中で理解しようとする努力を諦めてしまうので注意が必要です。逆にゆっくり話しすぎると眠くなったり、イライラしたり、見下したりする人もいます。ちょうどよい速さを定義することはなかなか難しいのですが、アナウンサーが原稿を読む速度は「1 分間に約 300 文字」で、これくらいが聞きやすい目安と考えます。

一方でプレゼン上級者を目指すのであれば、速さにも変化をつけることが求められます。例えば、聴き手にとって初めて聞く内容や、多少難易度が高いけどしっかり理解してもらいたい前提条件などを説明するときは、聴き手を取り残さないように、ややゆっくり話します。研究成果やプロダクトの効果がどれほど素晴らしいかについては、一気に畳み掛けるスピードで話すなどの工夫をします。

もう一つは「間」の使い方です。「間」をうまく使うことで、聴き手の注目を集めることができます。重要な項目を語り始めるとき、配布資料に目を落としている聴き手に再注目をしてもらいたいとき、次のセリフを語り始める前に 3 秒ほどの間を置くと、聴き手はいま何が起こっているのか、次に何が起こるのかを確認したくなり、話者に注意を向けます。ただし、短すぎると聴き手に気づかれないことや、長すぎると「緊張しているのかな？」と思われてしまいます。それまでの速さや「間」を取るタイミングは内容や喋り方にもよりますので、本番前に誰かに聞いてもらいながら練習することをお勧めします。

Point

- 声の「高さ」「大きさ」「速さと間」のバリエーションを増やし、注目や感情の伝達に使う
- 事前に必ず練習をすることで、自信を持って発声する

3-24

情報と感情

感情を揺さぶり、共感を得る

疑問や心配

発表を終えた後、上司から「内容はいいけど信頼性がイマイチ低い」指摘を受けました。どのように工夫したらいいのでしょうか？

解決

プレゼンの究極の目的は聴き手の心を動かし、期待した行動を得ることです。そのためには聴き手に共感してもらうことが重要ですが、そのためにはまず聴き手の信頼を得る必要があります。順番として、「信頼」→「共感」なのです。

プレゼン内容の信頼を得るための基本原則として「情報が正確で具体的」である必要があります。しかし、そうであっても、自動的に信頼を得るわけではありません。例えば画期的な内容の研究発表をすれば聴き手がみんな感動して絶賛し、共感してくれると考えがちですが、これは正しくありません。情報だけの場合、まず聴き手は「既存の製品」「他の手法」「代替手段」などと比較する思考が働きます。みなさんの発表内容と、聴き手が知っている事例の機能や研究成果、製品などのスペックと比較を始めてしまうのです。

こうなってしまうと、ある面では優れていても、他の面では劣ってしまい、トータルで平均点のような印象になってしまいます。聴き手の記憶に残らないことが多いので、これは避けなければなりません。それでは、情報以外に何が必要なのでしょうか。

それは「感情」です。プレゼンをする人に対する印象、プランや研究成果に対する驚き、それが実現した将来に対する期待などが感情に該当します。このような「感情」を引き起こすことで、単なる性能やスペックの比較とは別次元の評価を得ることができるのです。それでは「感情」をどのように伝えればよいのでしょうか。まず、聴き手は、正確でわかりやすい具体的な情報があれば、「信頼」できるという感情が湧きます。発表者の清潔さ、身だしなみ、持ち物、言葉遣いなどからも「信頼」の感情が湧きます。

また、課題の深刻さや、なぜその課題を解決しようと思ったのかという個人的なストーリーなども、感情を揺さぶる材料となります。将来、こんなに素晴らしい社会になるのかという期待や願望も共感度を上げることにつながります。

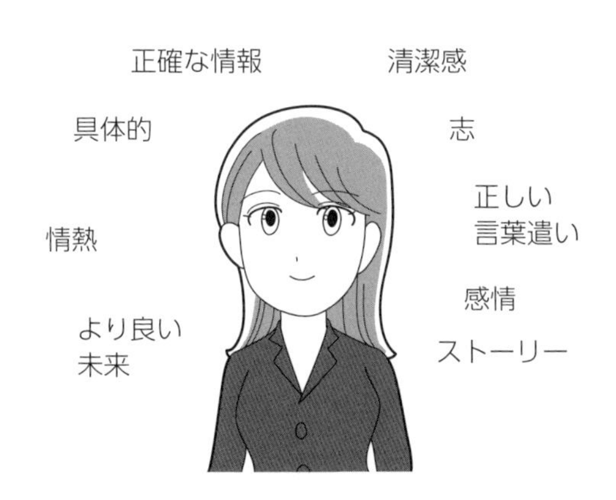

信頼を得るためのプレゼンに必要な要素

聴き手はプレゼン内容の前に、発表者を見ています。だからといって、プレゼンの名手を気取る必要はなく、あなたらしさを全面に出して発表を始めてください。学生は学生らしく、研究者は研究者らしく、技術者は技術者らしく発表すればいいのです。そうすれば、みなさんのプレゼン内容も、みなさんらしい内容に見えてきます。例えば研究職の人が、営業職の話術を真似しても、発表者とプレゼン内容に違和感が出てしまい逆効果です。

自分らしさを保ちながら、聴き手がどのような人かを想像し、このような共感ポイントをたくさん見つけてプレゼンに盛り込むと良いでしょう。

- 人を動かす共感ポイントを意識しよう

3-25
緊張と失敗

緊張や失敗とのつきあい方

疑問や心配

ものすごくあがり症で、「プレゼン」と聞いただけでもドキドキしてしまいます。何か改善できる方法はありますか？

解決

他人の発表会を見ているだけでも、自分と重ね合わせてしまい緊張したり、悪夢がよみがえったりする人もいるかと思います。プレゼンの際に最も聞きたくない言葉が「緊張と失敗」だと思います。しかし、実はどんなプレゼンのプロであっても緊張しますし、失敗をしないということはありません。プロでもそうなのですから、皆さんが緊張や失敗をしても、決しておかしなことではありません。ですから、緊張や失敗は「避けて通ることはできない」と考え、むしろ「どうやって付き合っていくか」と考えるべきです。

それでは「緊張」と、どのように付き合えばいいのかについて説明します。「緊張しないようにしよう」「落ち着こう」と考えると余計に緊張してしまうものです。適度な緊張はポジティブな態度を生み出す一つの要素ですが、これを適度に保つことはなかなか難しいことです。そもそも緊張するのは、直前までプレゼンの原稿を過度に確認することや、うまく話せるかなと、ネガティブなことを考えてしまうことが理由です。これは、意識を「これからプレゼンする自分の姿」に集中しすぎることにあり、かえって緊張を高めてしまっています。

この意識を外側に向けることで、過度な緊張を緩和することができます。例えば、プレゼンが終わり、大成功をして拍手喝采を浴びている姿を想像したり、問合せや名刺交換が殺到したり、未来に起こると予想される内容などポジティブな想像をすることです。また、服装や髪型のチェックなど、プレゼンから別のものに意識をずらすことも効果的です。発表そのものから別の意識に変えることは、緊張解消の効果があるので試してみてください。

もう一つ緊張解消の工夫として、例えばプレゼン前日までに、やるべき準備はすべてやったという自信を得るまで完成度を高めることです。やりきったと思えるまで準備の質を高めておけば、あとはやるだけです。同時に細かいことは気にしないことも重要です。本質を磨き切ったと思える完成度になれば、それが自信になり、緊張解消につながります。

自信を持ってプレゼンを行うための要素

さらに、秘策として「私は今とても緊張しています。ミスをするかもしれませんが、一生懸命プレゼンしますのでよろしくお願いいたします」などと、正直に発表の中で言ってしまいます。無理に繕った笑顔で発表するより、聴き手から好感を得られます。前項でも説明しましたが、プレゼンは発表者その人らしく行うことが一番です。緊張することも含めて、ありのままで発表してみてください。

それでは「失敗」とはどのように付き合えばいいのでしょうか。どんなに完璧な準備をしても、失敗を完全に排除することはできません。会場設備のトラブルといった外部要因から、PC が動かない、セリフが出てこないなど、考えてみればさまざまあります。むしろ、失敗がなければラッキーという気持ちで挑むくらいがちょうどよいかもしれません。プレゼンの準備段階では、ミスが起こったときにどうリカバリーするかという脱出プランを検討しておくことが重要です。例えば PC が急に動かなくなってしまった場合は、データを USB メモリなどに保存しておけば、PC を替えてすぐに発表することができます。また、「セリフが出てこない場合」は「このスライドでは最低限この内容を言う」と準備しておくだけで、心の余裕が生まれます。

一方で、失敗を他人や物のせいにすることは絶対にやってはいけません。「会場関係者や主催者に文句を言う」「パソコンのせいにする」「昨日寝てないと言い訳をする」など、聴き手はむしろ嫌な気持ちになります。

聴き手はみなさんのプレゼンを楽しみにしてきてくれた人たちです。みなさんのプレゼンは基本的には失敗しません。この「成功」を「大成功」にする。いつものペース、いつもの自分で語りかけることで自分自身も落ち着き、緊張や失敗を防ぐことになります。

Point

- 緊張しない人、失敗しない人はいない
- 成功している姿やプレゼンから別のものに意識をずらすことで、緊張とうまく付き合う
- 失敗を他人や物のせいにしない

3-26

プレゼンの意味

良いプレゼンで聴き手から期待した行動を得る

ここまで、プレゼンに盛り込むべき必要項目や構成、上手なプレゼンを実現するためのコツなどを説明してきました。繰り返しとなりますが、プレゼンは単なる報告、意思表明、売り込みではありません。発表をすれば情報を伝えることができますが、聴き手に「この情報は関係ない」と思われてしまうと、何も伝わりません。それでは聴き手の心が動かず、聴き手の行動を変えることもできません。

あなたが行ったプレゼンは、この情報は「必要な情報だ」「関係がある」「私のことを言っている」と聴き手に思ってもらう工夫が必要で、そこに共感が生まれます。共感があると「もっと詳しく知りたい」「人に話したくなる」といった行動が生まれるのです。

報告や説明、売り込み、プレゼンの違い

- 報告や意思表明：プロダクトやサービスの説明だけでは、理解されても共感は生まれない
- 売り込み：機能、性能、優位性だけでは心が動かない
- プレゼン：自分ごととして感情が動き、共感が生まれる

プレゼンをしている時間は、みなさんにとっても貴重な時間ですが、聴き手にとっても同様です。会社内では発表会も業務でありコストがかかっているのです。したがって、自分の発表にはコストがかかることを考え、それに見合った価値を出さなければなりません。そのために準備が必要なのです。

俳優の故 高倉 健さんは、顔が映らないシーン、背中しか映らないシーンでも、その前後やそのときの感情を表情に出して演技していたそうです。テレビ画面やスクリーン越しで、しかも背中しか映ってい

ないのに感情が伝わってくることは有名な話です。「楽しくプレゼンすること」「一生懸命やること」「熱意を全面に出すこと」「やりきること」こういったことが備われば、聴き手には必ず伝わり、共感を得ることができます。みなさんのプレゼンが大成功しますように！

良いプレゼンをすればみんなが共感してくれる

Chapter 3 の確認問題

問 1　次のうち、本書で扱う「プレゼンテーション」に分類されるものはどれでしょうか。

(1) 事実やデータに基づき状況を報告すること
(2) お金を借りるために銀行員を説得すること
(3) 一緒にプロジェクトを実行する仲間を集めるために内容を説明し勧誘すること
(4) 研究成果の報告としての学会発表
(5) 上司に自分の疑問を相談すること

問 2　プレゼンの構成を検討する順番を、正しく並べてください

「解決方法」「実現方法」「サマリー」「解決方法の中身」「競合分析」
「課題の本質」「課題を抱えた人」「顧客や市場」

問 3　次のうち、正しいものを選んでください。

(1) 情熱を伝えるためには、とにかく元気と大きな声が重要。
(2) 言い間違いや説明漏れは失礼にあたるので、手元の原稿を読むことに集中すべき。
(3) プレゼン名人を真似するところから始めよう。
(4) 専門用語を駆使することが信頼性の獲得につながる。
(5) 最後のスライドは「ご清聴ありがとうございました」を入れるのがマナー。
(6) 世界初・唯一無二の成果であれば、競合は存在しない。
(7) 日本人はプレゼンが苦手な国民性を有する。

Chapter 3 の確認問題の解答

問 1 (3)

プレゼンテーションは、「相手の心が動くかどうか」「相手の行動が変わるかどうか」の両方を満たしていることが必要です。不正解のものも、プレゼンの要素が全くないわけではありませんが、③以外のものは、どちらか一方しか満たしていない、あるいは両方満たしていないため、プレゼンテーションには該当しません。

問 2

「課題の本質」、「課題を抱えた人」、「解決方法」、「実現方法」、「解決方法の中身」、「顧客や市場」、「競合分析」、「サマリー」の順

問 3

正解は一つもありません。

(1) 相手の共感を得るためには、声の強弱、スピード、間などを変化させることが必要です。

(2) 多少原稿を見てもよいですが、目線はしっかり観客にむけ、反応を探りながら進めましょう。

(3) ジョン・F・ケネディやキング牧師、スティーブ・ジョブスを真似る必要は全くありません。あなたらしくプレゼンすればよいのです。

(4) 専門用語や3文字略語の多用は観客を置き去りにする可能性があります。わかりやすい用語を用いましょう。

(5) 最後のスライドはサマリーや繰り返し訴えたいことなど、重要なメッセージを掲載しましょう。「ご静聴ありがとうございました」は、マナーとして発言するので掲載不要です。

(6) 競合や類似の商品、サービス、研究成果が全くない、ということはありえません。調査不足と思われるのでしっかり調べましょう。

(7) 国民性の問題ではありません。過去にもプレゼンによって世界に大きな影響を与えた日本人がたくさんいます。あなたもきっと最高のプレゼンができるようになります！

Column

プチ・プレゼン

学生の頃は研究ゼミや学会発表などでパワーポイントのようなプレゼンツールを使うことが当たり前だったと思います。ただ、日々の業務での会議資料は、発表時間が短く、要点のみを伝えるだけの「プチ・プレゼン」が多く、図表を含めた文章資料を配布して終わることもあります。そこで、「プチ・プレゼン」を行うために役立つ三つのパターンを紹介します。

一つ目は「ポイント提示型」です。これは、メインメッセージ（あなたの意見や結論）を最初に簡単に表明し、その意見の裏付けとなる根拠（調査データ、研究結果など）をいくつか示す、というものです。これはいわゆるビジネスコンサルタントがよく使う手法です。メインメッセージを最初に伝えることができること、短時間でも言いたいことを伝えやすいというメリットがあります。

二つ目は「ストーリー型」です。これは、まず背景や状況（多くの場合は社会課題など）を説明し、その解決方法としてのあなたの意見や研究成果を説明するものです。メインメッセージが後になりますので、ある程度の時間が必要ですが、最初に説明した社会課題に共感してもらうことができれば、その後の説明にも賛同を得やすいというメリットがあります。

三つ目は「ビジョン／アクション提示型」です。これは、最初に理想状態を説明し、聴き手にできるだけ視覚化してもらい、そのために必要なアクションなどを呼びかけるものです。聴き手に行動を呼びかけるものであることから、メインメッセージは最後になりますが、記憶に残りやすいメリットがあります。

目的や内容に応じて「話の構成」や「伝え方」を工夫することで、「プチ・プレゼン」でも、十分に伝わりやすい報告や説明ができるようになります。

Chapter 4

相手を納得させる会話術

会話の心構え

コミュニケーション力の重要な項目に会話力があります。会話の基本は「挨拶」「返事」「聞く」「質問」「言葉を受け入れる」「感謝を伝える」などが挙げられます。それでは理系職に必要な会話とは、どのようなものでしょうか。

4-1
良いビジネス会話

会話を仕事の効率化と生産性の向上につなげる

疑問や心配

入社したばかりで、同じ部署の人や上司と良いビジネス会話ができるかが心配です。

解決

「良い会話とはどのようなものでしょうか？」と質問された時に、読者の皆さんは何を考えるでしょうか。毎日、空気を吸うように会話をしているので、良い会話と言われると考えてしまうと思います。ましてや良いビジネス会話と言われても、「できるのかな？」と躊躇（ちゅうちょ）してしまうものです。

ところで「会話」とは、どのようなものでしょうか。会話を辞書で引くと、「二人または数人が互いに話したり聞いたりして、共通の話を進めること」とあります。この意味を「良いビジネス会話」に当てはめると、お互いの価値観や考えを知り、信頼関係や人間関係を築くことができる会話であり、これを実践することは精神的にも充足感や安心感を得る効果につなげることができます。

会社では関係者と情報交換、意思疎通、協力、アクション要求を会話で進めます。したがって、良いビジネス会話は「仕事の効率化と生産性の向上」を生み出すことにもつながります。

良い会話＝価値観や考え方の理解、信頼関係や人間関係の
向上、精神的な充足感や安心感を得られる
⇒仕事の効率化と生産性の向上

良い会話の効果

ただし、読者の皆さんの中には「理系＝コミュニケーションが苦手」のような先入観を持っている人もいるかもしれません。

例えば会議の本題の前に、雰囲気をほぐすためアイスブレイク（ice break：雑談）をしますが、「ちゃんとできるかな？」と不安に思い、緊張してしまう人もいるかもしれません。しかし、アイスブレイクの実践は慣れが必要で、これができたからといって、良いビジネス会話ができるわけではありません。最も大事なことは会議の本題を伝えることであり、アイスブレイクは本題を伝えやすくするための技術の一つでしかないため無理をする必要はないのです。

本章では「仕事の効率化と生産性の向上」のための会話について、理系職の中でも研究部門や開発部門の事例をもとに説明します。ただし技術部門の人や技術営業の人も役に立つ内容にしてあります。自分の仕事や環境と重ね合わせながら読み進めてください。

特に、「仕事の効率化と生産性の向上」のための会話を実践するには、「話す相手の気持ちや考えを見抜き」、これを理解した上で会話をすることが重要です。そこで、「上司の視点」も含めた説明を加えました。「上司はこう考えているのか！」といった視点でも読み進めてみましょう。

Point

- 良いビジネス会話は、精神的な充足感や安心感、仕事の効率化や生産性向上につながる
- 良いビジネス会話を実践するために、話す相手の気持ちや考えを見抜こう

明確で要点の
わかりやすい会話

　会社ではさまざまな人との関わりながら業務を進めるため、明確で要点のわかりやすい会話を目指すことが重要です。それはどのように行うのでしょうか。

4-2

明確な要点とロジカルシンキング

演繹法と帰納法で話したいことを整理する

疑問や心配

さまざまな部署の人たちとビジネス会話を行う上で、通じる会話をするための工夫点を教えてください。

解決

Chapter 1 で示したように、ビジネスにおけるコミュニケーションは、普段とは違って単方向ではなく双方向で行わなければなりません。そのためには、さまざまな専門性を持つ人や他部署の人に要点をわかりやすく伝える会話術が求められます。

誰かの説明を聞いた後、「結局要点は何なの？」と混乱する経験をしたことがある人も多いと思います。これは、複雑な内容を単方向で説明してしまい、聴き手は頭の中で整理できないため混乱してしまうのです。

この問題を解決する方法として、話したい内容の要点をまとめた後に会話することをお勧めします。要点のまとめ方の一つに、ロジカルシンキング（論理的思考）があります。ロジカルシンキングの基礎となる考え方は「演繹法（えんえきほう）」と「帰納法」です。演繹法とはある事実やその前提となる正しい情報を起点として、それらを重ね合わせて（関連付けて）結論を導き出す手法のことです。一方で帰納法は、いろいろな情報から共通する事項を抽出して結論を出す方法です。

演繹法と帰納法の例を示します。例を見ると、単にいくつかの内容をまとめて、ある推論を導き出しているだけで、複雑な方程式を解くわけではないことがわかると思います。

演繹法の例

(a) 電化製品は電気で動く。

(b) テレビは電化製品である。

結論として、「テレビは電気で動く」と推論できる。

帰納法の例

(a) 物質 A は学会で注目されている。

(b) 物質 A の原料が不足している。

(c) 物質 A を使った化粧品が増えている。

結論として、「物質 A の価値が高くなる」と推論できる。

ただ、話している最中に「ロジカルシンキングができるのかな？」とプレッシャーを感じる人もいるかもしれません。もちろん、慣れるまでは内容から要点を「抽出」し、それを「構築」することを意識しながら、内容の筋道を立てる癖をつけることで十分です。また、会議などで質問を受けた場合は、すぐに思いついたことを話すのではなく、質問の要点をメモしながら、これを整理して回答することをお勧めします。

一方でロジカルシンキングはできるけれども、これを会話に反映できない人もいると思います。こういった場合は思考を言葉にする練習をする必要があります。普段から、発表の練習のように声を出して練習するとよいでしょう。

専門性が異なるため、ロジカルシンキングを活用して
伝わる会話をしよう

会社では多様な分野の人と関わるので
ロジカルシンキングを駆使して通じる会話をする

Point

- ビジネス会話では、伝えたい内容や返事をロジカルシンキングなどを利用して「要点」が明確な会話をする
- 思いつきの会話は混乱を招くことがある。要点の抽出と構築を行ってから会話する

4-3

ロジカル会話

三角ロジック法を使った会話術

疑問や心配

先ほどの話でロジカルシンキングの重要性が理解できました。次に具体的な実践方法を教えてください。

解決

ロジカルシンキングを利用した会話とは、情報が論理的に整理され、矛盾がない、わかりやすい内容と言えます。日本人はあいまいな会話をしがちですが、ロジカルシンキングを実行することであいまいさを払拭しましょう。

まず、ロジカルシンキングの説明の前に、ビジネスにおける「伝える」行為の説明から始めます。ビジネスにおける「伝える」とは、伝える側から発信した情報を、受け側が同じ内容として受け取れることで成立します。

例えば、受け側の主観（受け取り方）によって内容が変わってはいけません。伝える側は「正しく伝える」のではなく、「正しく伝わる」ことを目指しましょう。「自分は正しく言った」では伝える行為は完了していません。「相手は正しく理解した」を確認して初めて完了したことになります。

筆者の経験でも、「伝えたつもり」のままでプロジェクトが進み、かなり進んだところでメンバーが自分の意図と違う理解をしていたことが判明したことがあります。結果として、プロジェクト全体を見直し、大きな修正が必要になりました。「相手に伝えた」ということで安心するのは早計なのです。

それでは、ロジカルシンキングを利用した会話について具体的に説明します。多くのビジネス会話では、**三角ロジック法**に当てはめて話す内容を要素分解することで、ロジカルシンキングを実践しやすくなります。

三角ロジック法は

① 三角形の上の頂点に結論を置き

② この頂点を支えるために説得のための材料と、説得のための根拠を置き

③ これらを結びます。

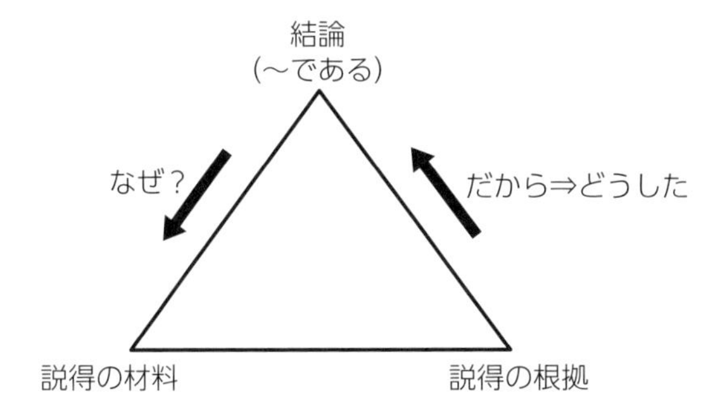

三角ロジック法

このとき、材料と根拠は事実を基礎とした客観的な内容にします。憶測や推論、偏った内容を使うと、三角形の土台が不安定になってしまいます。

材料は「(結論) は、なぜ？」といった内容を考えます。一方で根拠は「○○だから→どうした (結論)」に該当する内容を考えます。このとき、同じ結論にならない場合は、材料か根拠の選定や抽出が誤っているか、複数の結論がある内容であると理解します。ある程度完成したら、話す相手のことを思い浮かべ、これなら「正しく伝わ

る？」と確認をしましょう。

次に、三角ロジック法を用いたロジカルシンキングによる会話の例を説明します。

三角ロジック法用いたロジカルシンキングによる会話

材料

日本における電気自動車の生産台数が 1 年で 140%に増加した。

論拠

ガソリン車の生産台数は、2030 年に新車の 12%になり、電気自動車がさらに増えると予想される。地球温暖化問題から、ガソリン自動車の販売を法律で禁止する国も増加するだろう。

結論

我が社の電気自動車の部品の生産設備を増やすことが必要である。

始めのうちは、三角ロジック法を構築しながらの会話は難しいと思います。まずは三角ロジック法を心がけて会話してみましょう。

何度かやっていくうちに、なんとなく頭の中で想像しながらできるようになると思います。さらに「今回はうまくできた！」というときに「なぜ上手くできたのか？」を考えてみると、無意識のまま三角ロジック法になっていることもあります。こういった見直しから、そのときの体験を思い返して、次の実践につなげることも上達の近道になります。

Point

- 三角ロジック法を用いたロジカルシンキングによる会話を行い、明確な要点のわかりやすい会話を目指す
- 成功した会話と三角ロジック法を照らし合わせ、そのときの成功体験を見直す

しっくりくる会話

ビジネス会話で「伝わっていない？」と感じ、どうも会話がしっくりこないことから、相手に内容を理解してもらうことをあきらめてしまった人の話を聞いたことがあります。なぜ、しっくりこないのでしょうか。ここでは「しっくりくる会話」を実践するための方法を説明します。

4-4

しっくりこない

周りとの「ずれ」が大きくなる前に解消しよう

疑問や心配

周りの意見や主張に対し、「しっくりこない」と感じることがあります。ただ、何かおかしいと思いつつ、どうしていいかもわからないため、話がどんどん進んでしまいます。どうしたらいいのでしょうか？

解決

読者の皆さんの中にも同様な気持ちを持っている人がいると思います。会話していると、相手の考えと「食い違っている」感があり、「しっくりこない」と思いつつも話を進めると、結果として自分の言ったことが逆に捉えられたり、うまく伝わっていなかったり、あとで全然違うことを言われたりなど、「何でこうなってしまうのだろう」と思い、落ち込むことがあります。

これが業務に関係する会話では、大問題に発展してしまうことがあるので、見過すことはできません。相手が自分の言ったことを若干違う意味で捉えただけでも、的外れな努力や想定していない結果を発生することにつながるので注意しましょう。

さらに、今後の方針や施策を協議している会議で「食い違い」や「しっくりこない」と感じたときに「うけ流してしまおう……」と考えてしまうと、どこか不安なまま仕事をすることになります。また、組織の中では「若干」の食い違いが、複数の人が関わるうちに増幅され、後で「大きな」損失を引き起こすことがあります。

小さなずれがだんだんと大きくなって損失に…

個人の小さな「ずれ」が会社組織の大きな損失につながる

「しっくりこない」場合は必ず解消する癖をつけましょう。

ただ、解消と言っても、例えば上司に対しては「自分の考えが間違っていないか」「空気を読んでないと思われないか」「指摘したら失礼」「スキルが低いと思われないか」などと考えてしまうものです。しかし、このような主観は捨て、これも仕事の一環と思い、客観的に疑問を解消していきましょう。

例えば、「お尋ねの件は○○○○のことでしょうか」などと聞き返すことで食い違っているかを確認できます。また、「○○○○の結果についてですね」などと、自分の認識している内容を伝えることで「食い違い」がないことを相手に判断してもらうことも良いでしょう。

こういった確認は決して失礼なことはありません。相手を気遣いつつ勇気を出して確認してみれば、それほど難しいものではありません。「しっくりこない」まま、仕事を続けるよりは、理解や納得した上で仕事をする方が良い仕事ができるものです。

食い違いやしっくりこない場合は必ず解消しよう

Point

- わずかな「食い違い」や「しっくりしない」でも、広がっていくと大きな問題になることがあるので理解や納得をするための確認を怠らない
- 食い違いの解消も仕事だと思って勇気を出して行う

4-5

相互理解の完了

あいまいさを残さないビジネス会話を実践しよう

疑問や心配

社内の研究会で、専門に関する会話は問題がないのですが、専門外の話になると「食い違い」や「しっくりしない」ことを多く感じます。他部署の人には「諦めの気持ち」もあり、どうしても「なんとなく通じているよね」と思っているうちに確認もできず、会議が終わってしまいます。

解決

会社のような組織では、役割、部署、年齢、職位などが異なる人と組織的に仕事をします。そのため、理系文系にかかわらず専門外の内容になると「食い違い」や「しっくりこない」を抱えることは多くあり、珍らしいことではありません。重要なことは「相互理解を完了」することです。

この相互理解の完了は日本人が苦手な確認であると言われています。例えば、アメリカでは自分の手から仕事を離すときは、渡された側がどんな基本的なことであっても納得するまで質問して、明確になってから受け取る習慣があります。「契約社会」のアメリカでは言葉の誤差から揉め事や訴訟沙汰になるので、会話の食い違いは非常に神経を使って解消します。また、同じ専門を持つ社員の間でも、当たり前のような用語まで「相互理解」を繰り返します。

一方、日本では仕事を自分の手から離すときに、例えば「後はよろしく」といったような、相手の主観が必要な状況で会話を終了することがあります。このように話す側が会話をあいまいな内容で終えてしまう風習があり、これが相互理解を苦手にしてしまっている一つの理由です。さらに日本では、雰囲気や空気感のようなものがあり、これが相互理解の実行を阻害することが多くあります。

特に理系職では「阿吽の呼吸」や「空気感」が強く会話に求められる傾向があり、「聞いたら恥ずかしい」とか「空気が悪くなる」といった心理も働きやすいと思います。しかし、日本のコミュニケーションの構造上、「理解の相違は当たり前」と思い、理解に不安がある場合はしっくりくるまで確認しましょう。確認を徹底しても、上司から悪い印象を持たれることはないはずです。自信を持って行ってください。

会社では多様な役割、部署、年齢、職位の間で会話を行う。
不安を解消し、しっくりくるまで確認をしよう

また、日本的会話は「結論」を話す前に、説明や理由を長々と話すことが多くあります。さらに、その説明も遠回しであいまいな表現を使うことが多くあるため理解した気になることがあります。加えて、相手との衝突や対立を避けるため、意見の違いを明確化せず、聴き手に言葉以上の意味を察してもらうことを期待してしまいます。

日本的会話の特徴

- 結論は後に、説明や理由が前にくる
- 遠回しであいまいな表現で説明する
- 衝突や対立を避けるため、意見の違いを言わない
- 聴き手に言葉以外の意味を察する能力を期待する

普段の会話では、日本的会話を使っても円滑な人間関係が生まれます。しかし、ビジネス会話は相互理解が重要であることを理解し、使い分けることが重要です。真のバイリンガルは脳の中で英語は英語、日本語は日本語として聞いているそうですが、これに倣って普段の会話とビジネス会話を切り変えることが、「仕事の効率化と生産性の向上」につながる会話の秘訣と言えます。

Point

- 「相互理解」できるまで繰り返して確認をする
- 日本人会話のあいまいさは、ビジネス会話では避ける

4-6

自分の考え方の軸との食い違い

自分本来の理解の仕方を忘れずに会話しよう

疑問や心配

しっくりくるまで不安を解消した方が良いことがわかりました。ただ、疑問や矛盾を相手に聞くことで理解を深めたとしても、なんとなく遠慮して、自分の意見を言わずに相手に合わせてしまうことがあります。この場合は、どうしたらいいのでしょうか。

解決

相手に合わせてしまう原因として思考パターン（ものの考え方）の違いが考えられます。家族や友人であれば、たいていの思考パターンがわかっているため、お互いに歩み寄ることは容易です。しかし、会社では全く異なった思考パターンを有している人とも会話をしなくてはならないため、疑問や矛盾を聞くことに遠慮してしまうものです。

また、多くの日本人は個人の思考パターンを相手に押し付けることを躊躇（ちゅうちょ）するもので「解決したい」という心理と「遠慮したい」という心理が葛藤します。特に高位の役職者と軸がずれていた場合、心理的に「自分が合わせないと」と考えてしまうものです。

思考パターンは「自分の考え方の軸」に沿って考えるもので、この軸からずれた考え方をすることは勇気が必要です。自分の考え方から外れた位置に、すぐに基準を置ける器用な人はそれほど多くはありません。

考え方の軸はみんな違う

それでは、どのように改善したらいいのでしょうか？　司法試験の指導をしている有名な弁護士の方の話を参考に説明します。「超難関資格の勉強法には、よく〇〇式合格法とかの参考書を使う人がいます」「けれども、皆さんの思考方法は概ね確立されているから、他人の思考方法を受け入れることは難しいものです」「まずは得意な思考方法を理解して、それを基礎とした勉強をしてみましょう」というものです。

自分の軸に沿って相手の話を冷静に理解する努力をしていると、かなりの部分は自分の軸でも理解できることに気づきます。あなたの軸はすでに確立されていると思い、軸を変えるのではなく、「自分の考え方の軸に沿った会話に当てはめて」話を進めていいのです。

ただし、注意も必要です。自分の考え方の軸（思考、クセ、パターン、理解法）を自分自身で把握することが先決で、これを理解した上で、軸をぶれさせず会話を進めてみましょう。

Point

- 自分の考え方の軸の特性を理解し、まずはその軸を変えずに会話を進めてみる

多元的な会話

会社の中では多元的な会話（考えや事物に基づく根源が多くある会話）をする必要があります。こういった場合の会話は労力を要することが多くあります。ただ、手を抜くと小さな溝が開き、その蓄積が「距離のある会話」につながってしまい、のちのちの失敗になってしまいます。こういったことが起きないように、会話のための準備をしましょう。

4-7
多元的な会話の大きな隔たり

共通認識を明確にして相互的なコミュニケーションを実践しよう

疑問や心配

違う部署の人が集まったプロジェクトに自分が加わり、メンバーに内容を説明することになりました。さまざまな意見や考えを持つ他部署の人たちの中でうまくできるかが心配です。

解決

自分とは異なった専門家の中で、多元的な会話（考えや事物に基づく根源が多くある会話）をすることは誰もが不安に思うものです。混成メンバーによるプロジェクトを進めるうえで最も重要なことは共通認識ですが、他部書の人たちに「うまく伝えられるかな？」と気重になると思います。

まずは、多元的な会話における説明の共通認識に対する問題から説明します。例えば、プロジェクトのゴールを経歴や専門が違うチームと共通認識を作るため、あなたが説明をしたとします。あなたの仕事は説明なので、これで仕事が終わったと思いがちですが、実際にメンバー間で分担してゴールに向かって実行した場合、問題が生じることがあります。

一般的に「ゴールは○○○です！」といえばメンバーが理解できると思いがちですが、「相手の考え方の軸」と「あなたの考え方の軸」との間に「ずれ」があると捉え方も異なり、違ったゴールに向かってしまうことがあります。また、ゴールの共通認識はできているにもかかわらず、それに至る道筋の考え方が食い違った場合も、ゴールに達するまでの効率や生産性が低下し、チームとして機能しなくなります。

さらに、会議の中でゴールに向けての道筋を説明している段階で、他部署からゴールを否定する意見が出るかもしれません。こういったとき、方向性はだいたい合っているはずなのに「なぜ否定するの？」と困惑してしまうものです。さらに、これが繰り返されると「やりたくないのかな？」「自分は嫌われているのかな？」と変に勘ぐってしまうこともあるかもしれません。

多元的な会話では自分は通じていると思っても
聴き手と大きな隔たりがあることがある

このように多元的な会話の中で共通認識を導くことは難しく、その状況に対処しなければなりません。したがって、これを行えば絶対解決するという手法はありませんが、筆者の経験を説明しますので、一つの参考にしてみてください。

筆者も混成チームの中で、ゴールを目指すべくチームを牽引したことがあります。ある会議でゴールにたどり着くためのアプローチを説明していると、自分とは専門の違う他部署のシニア技術者が説明を否定する意見をたびたび言ってきました。

否定するほどの内容でもないのに、会議のたびに言われるので「なぜ？」と困惑しました。そこで、冷静に相手の特徴を観察すると、その技術者には「独特のこだわり」や「実直な意見」があることがわかりました。さらに、その技術者と自分が使っている用語の意味や表現法を確認し、その比較一覧表を作成して見比べてみると、わずかな意味や表現の違いがあることがわかりました。

内容が間違っているわけではなく、専門性の違いから言葉遣いの食い違いが生じ、その積み重ねによって大きな隔たりができてしまっていたのです。そこで、全メンバーと用語の意味や表現法のすり合わせなど共通認識を確認した後に議論を行うと、意思疎通がスムーズになり、否定意見もなくなりました。このような言葉遣いの食い違いが会話を大きく変えてしまうこともあるのです。

会社は目的を持った組織で、それを達成するためにさまざまな人たちが集まっています。そのため、ゴールや目的そのものを否定する人はいません。しかし、そこに対するアプローチや手法には多種多様な意見があるのです。そう考えて、すり合わせをし、「無理のない合理的なアプローチや手法を提案」して共通認識とすれば良いのです。

読者の中には、多元的な基準、思考、言葉を体系化するなんて面倒だと考える人もいるかもしれません。しかし、異分野の基準、思考、言葉を知ることは後の仕事に大きく役立ちます。必ず説明力の成長につながりますので、やれる範囲で試してみましょう。

Point

- 多元的な中で共通認識をすることは隔たりが生じることが多い
- 意見の隔たりがある場合は、まずは基本的な用語の意味や表現法のすり合わせから行う
- 多元的な基準、思考、言葉を体系化することは、自分と他人を知ることになり、後の成長につながる

4-8 専門外の理解

「自分なり」の理解を混成チームに活かそう

疑問や心配

技術開発プロジェクトの中に、生産部門の私が加わることになりました。全く専門が異なるため、うまくできるかが心配です。

解決

これまで述べてきたように、会社ではいろいろな役割、バックグラウンド、専門の人と会話する機会が多くあります。「聞いたこともない言葉が飛び交う会議に出席することになったらどうしよう？」と不安になるかもしれません。こんな心配を減らすために、プロジェクトが目指している内容に関する分野の基本を勉強してから会議に参加してみてはいかがでしょうか。

ただ、全く異なった分野の勉強は苦労するものです。こういった場合は、参考にできるものを自分が理解できる言葉や考えに置き換えて理解していくことをお勧めします。また、会議の中でも、会話の内容を同様に置き換えることで理解度が上がります。

まずは「要は〇〇だよね」と、自分なりの言葉で単純に理解しましょう。一般的に初めて聞く内容は、イメージを細分化してしまい、理解の糸口を見失うことがあります。まずは大まかな全体像を自分なりに理解しましょう。また、前の項目で説明した通り、聞いたことのある言葉でも、話す人の専門性によって意味が変わることがあります。少しでも引っかかる場合は、自分の専門分野のみで判断せず、話し手に質問をしてみましょう。

目的と共通の基盤さえ理解すれば、周囲の人と専門が違っていても臆することはありません。多元的プロジェクトでは、さまざまな角度からゴールへのアプローチを考えることが重要で、「自分は専門家ではないから」とモチベーションを下げる必要はないのです。

自分なりの考えでチームの共通認識を持つ

プロジェクトを組んでゴールに向けて仕事を進める場合、専門分野によって異なる基本的な考えや用語の違いを把握するとともに、「自分なり」に理解することが重要です。また混成チームだからこそ「ずれ」は生まれますが、「自分なり」の考えを持つことはプロジェクトのアイディアのバリエーションを増やすことにつながり、それだけ妥当解にたどり着く確率が上がります。筆者の経験でも異分野だからこそ、新しいものが生み出せた経験が多くありました。必ず何かしらの新しい発信ができると思い、前向きに関わってみてください。

Point

- 物事をまず「自分なり」に単純に理解して概念化する
- プロジェクトメンバー間の考え方の「ずれ」は発生するが、目的を踏まえて「自分なり」に考えることによって、アイディアのバリエーションが生まれ、妥当解が得られる確率が上がる

Column

専門外からの意見

専門分野やバックグラウンドが違う人が集まりの中で「自分は貢献できるのか？」と考えてしまう人もいると思います。ただ、専門家のアイディアというのは、その専門の延長を考える傾向にありますが、そのことがいつも目的に対して適切であるとは限りません。

理系の人の中には、自分の専門分野の仕事に美学やこだわりを持ち込んで、目的を忘れて不必要に高度なことをやりたがる人がいます。そういった意味からも専門分野以外の人から意見をもらうことは、市場や社会にとってより良い製品につながります。

素人だからできる意見もあり、これは目的に対する大きな貢献につながることもあります。

4-9

自分の軸で「ずれ」を埋める

まずは自分の軸で理解する。理解できなければアップデート

疑問や心配

多元的なメンバーで会議をする場合の注意点を教えてください。

解決

あなたの成果が製品に結びつきそうな場合があったとします。この内容をさらに製品に結びつけるため、他の理系部門や、営業、経理、知財などのさまざまな専門家との会話を重ね、可能性をより深く精査する必要があります。会社の中で素晴らしい製品や商品を生み出していくには、さまざまな専門家と円滑な会話を行うことが近道です。

ただし、こういった多元的な専門家のメンバーとの会話では、自分の必要とする情報の意見をもらえないことがあります。その典型的な理由としては、自分の中では当然と思っている内容が、相手の専門やバックグラウンドの違いから理解できず、「相手を置き去り」にしてしまう会話をすることです。

説明者は相手の専門分野を踏まえて、説明の出発点を変え、よりわかりやすい言葉を使うように心がけることが肝要です。また、説明途中で、聴き手の理解を確認することも重要です。逆にあなたが説明を聞く場合もあると思います。そのとき、説明する側があなたの専門やバックグラウンドを意識して説明してくれるとは限りません。このような場合は、説明の前後で内容確認をする必要があります。

それでは、さっそくやってみてくださいと言いたいところですが、いざやってみるとなかなか難しいものです。より専門的な話になるに従って、あなたと聴き手の距離が広がってしまいます。

この距離間は「自分の軸のずれが原因ではないか？」と、会話の途中で自信がなくなる人もいると思います。しかし、このようなことは必ず起きるのです。こういった感覚のプレッシャーに負けて、相手に無理に合わせようとして、自分の軸を変える人がいます。しかし、軸は無理に変える必要はないのです。

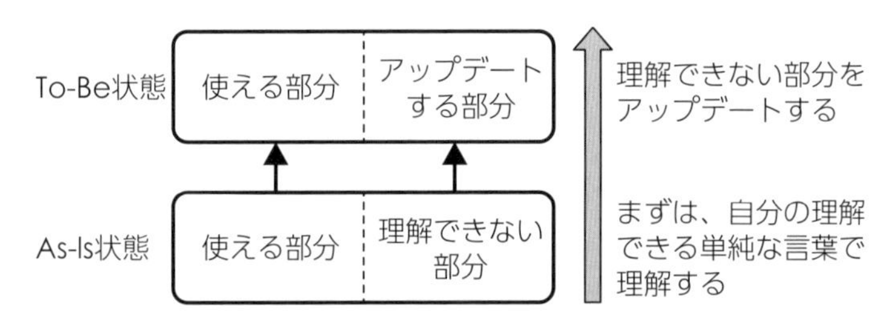

出発点（As-Is 状態）からあるべき姿（To-Be 状態）への流れ

まず現時点での自分の理解度の範囲で内容のギャップを埋めます。この状態を「As-Is 状態」と呼ぶことにします。あなたが話し手の場合は、話す基本的な内容を変えず表現法や用語を工夫して説明を考えます。一方であなたが聴き手なら、自分の理解の範囲で相手の話を理解していきます。

次に、As-Is 状態では通用しない部分を明確にします。通用していない部分の原因は、基本知識の不足や勘違いなどがあります。また、あなたが聴き手の場合、自分から専門外の内容に対してバリアを張ってしまっていることもあります。食べ物も「不味そうだな」と見た目で判断してしまうと、味も変わってきてしまうものです。なるべく、単純に思考を働かせ、前向きな気持ちで聞きましょう。

As-Is 状態の自分の軸では、どうやっても相手との隔たりが縮まらなければ、自分の軸を改善することで調整します。これを「To-Be 状態」と呼ぶことにします。To-Be状態では、今の自分に足りてない部分を解析して、必要な部分を取り入れ、自分にとって確実に使える部分を広げて安心感を得ましょう。すなわち、基礎知識を勉強したり、専門家に内容を確認したりすることで、理解度を向上させ、考え方の軸を広げるのです。

読者の中にはこういったプロセスは「面倒だな」と思われる人もいるでしょう。一般的には、食い違いがあっても相互理解はせず、相手に合わせてしまったほうが楽だからです。ただし、そのように逃げていては適切に仕事を行うことはできません。まずはAs-Is状態の中で客観的な事実を集め、自分の話し方や表現を変えるなどして、自分の考え方の軸はぶれさせずに会話をする工夫をしてみましょう。

Point

- 多元的な専門家との会話の出発点は、今の自分の軸を変えずに理解する努力をすること
- 自分の軸では理解できない場合は、足りていない部分の情報や知識のアップデートを行い、自分の軸を修正する

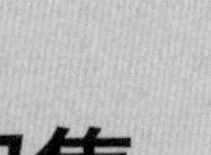

4-10

さまざまな分野から情報収集

会社では教えてもらうことも大切です

疑問や心配

卒業研究では自分で考えて、研究を完了させることを習いました。会社でも理系職の場合は文献や特許から情報収集を重ね、仕事を進めるのでしょうか。

解決

理系の人は、何事も自分で抱え、解を出すことに慣れてしまっている人が多いと思います。しかし会社では、例えば研究職の人でも技術職や開発職と連動して仕事をすることがたびたびありますし、製造現場、安全部門、営業、さらには経理や人事などの間接部門の人たちとも関わり合いが欠かせません。

また、新たに研究開発テーマを考えるときは、技術職や製造工場、営業の人たちの意見や協力が必要になります。例えば、いくら優れた研究開発成果に基づく先進的な製品だと思っていても、工場で製造できない場合は実行できません。さらに、製造現場の人の安全が守られない場合も、やはり実行できません。

研究職、開発職、技術職ともに、こういった失敗を引き起こすことがあり、その理由は情報を実際のものからではなく、特許や文献のみから得たことが原因です。より広く視野を持ち、さまざまな分野や部門の人たちからも情報を収集することで、生の情報が得られ、予想だにしないリスクによる問題を回避できます。大学や高専では行えない多元的な会話からは、さまざまな考え方や情報を得ることができるのです。

ただ情報を収集する際の質問は、客観的に行うことを心がけてください。感情的な質問は、自分の求めている方向に答えを誘導してしまうことがあるため、正しい情報を得られなくなってしまうかもしれません。

会社には多様な専門家がいる。会話を駆使して積極的に情報収集しよう

会社は生産性を重んじるため、会社のさまざまな経歴や専門性を有する人から教えてもらったり、ヒントや答えをもらったりすることは理にかなった方法なのです。まずは自分の聞きたい内容を明確にし、これを客観的に聞くことを心がけましょう。

Point

- 会社では自分で問題を抱え込まず、同分野や異分野の人と会話し、意見や助言をもらう
- 多元的な会話ができる会社だからこそ、さまざまな情報や考え方の情報を得られる

トラブルを招かないための会話

会社の中で人間関係のトラブルの原因の一つに、業務連絡をメールやSNSだけで済ませようとすることが挙げられます。テキストコミュニケーションが増えたとはいえ、「直接会話する」ことが重要なこともあります。一方で会話がトラブルを招くことがあり、これは回避したいものです。それではトラブルを招かないための会話とはどのようなものでしょう。

4-11

マウントの取り合いではない

不安や心配がマウントのもと

疑問や心配

会社の会議で、つい感情的になって無意識のうちにマウントを取るような発言をしてしまったことがあります。同じことを繰り返さないための対策を教えてください。

解決

最近「マウントを取る人」が多くなったと言われます。とはいえ、マウントを積極的に取ろうとしている人は少ないと思います。むしろ、何かの拍子に無意識的にマウントを取るような会話をしてしまう場合が多いと思います。

人間は不安があると極端な行動に及び、その結果としてマウントを取るような会話になってしまう場合があります。したがって、安心感を持って仕事ができれば、こういったことにならないわけです。また、理系職の場合、独立業務が多いため、普段の会話不足から研究データなどに対して強い主張をしたくなり、結果的にはマウントを取る会話になってしまうようです。したがって、理系職は異なった部署や専門以外の内容の会議に参加するとマウントを取るような発言をしてしまいがちです。

もし、マウントを取ろうとする気持ちに気が付いたときには、「自分は不安を抱えている」と自覚をする機会でもあります。不安はすぐに解消することはできないと思いますが、まずはその自分の不安な部分を見つめ、それを解消する努力をすることがマウントの発生防止になります。

不安や恐怖はマウントを取ってしまうきっかけになる

一方で相手がマウントを取ろうとしてきた場合は、その人は何らかの不安を抱えている証拠です。まずは相手の雰囲気に飲まれず、自分は冷静になり、不安の原因を会話によって客観的に探ってみてください。そうすれば、その原因が見えることがあり、これによって相手を悪く考える気持ちが薄れるかもしれません。

ただし、ビジネスの場ではマウントを取ろうとする人と迎合（げいこう）したり、すべて受け入れたりする必要はありません。客観的に話の内容を考えて、理にかなっていない内容ならば冷静に相手に伝え、少しでも議論が建設的になるようにしましょう。これによって、相手に変わってもらうための努力は必要だとは思います。このような建設的なやり取りが、良いビジネス会話を実践するために必要なのです。

Point

- 自分も不安を打ち消そうとしてマウントを取ろうとすることがあるのではないかと内省してみる
- マウントを取ろうとする人の不安要素を考え対処する

Column

マウントを取る人の特徴

「マウント」は見栄を張って相手よりも自分の方が優位だと見せつけるような言動を指し、ビジネス会話の大きな障害になります。マウントを取る人には特徴があると言われています。

4-12

アメリカ式と日本式の議論法

個人の信条と議論の場の意見は分けて考えよう

疑問や心配

会社の中で意見を述べたり、議論を行ったりした結果、内容がまとまらないことがあります。お互いの考えをみんなが納得した上で共通認識を形成するにはどのように工夫をしたらよいのでしょうか。

解決

4-5では、日本とアメリカの相互理解の違いについて説明しました。ここでは両国の議論の考え方の違いを例に説明します。

アメリカでは、与えられた条件に対して、個人の信条とは関係なく最善を尽くして議論する傾向があります。このような傾向は、子供の頃の教育法によるものです。アメリカの学校では、ディベートという授業があります。これは、ある一つのテーマについて賛成側と反対側に分かれて議論します。この授業のルールでは、生徒は賛成側か否定側かを選べません。

この教育で育ってきたアメリカ人は、個人の信条を重要視しつつ、ビジネス上の会話は個人の意見とは切り離して考えます。そのため、ビジネスでは、ある意味感情的にはならず、気楽に会話ができます。

また、会話の中で間違いがあったとしても、話し手の人格が否定されることはありません。さらに話し手も、間違えを素直に認めて訂正できます。こういった「気軽さ」が意見を述べたり、人と議論したりしやすくしていることの一因になっていると思います。

ディベートでは個人の信条や意見から切り離されているため
間違っていても人格は否定されない

筆者はアメリカで勤務をしていたことがありましたが、仕事上達成すべき目標は、あくまで「組織にとって必要である」ことに基づいて決まっており、これを個人の信条とは切り離して議論することが普通でした。このため、ビジネス会話において欧米式は合理的で優れている会話といえます。

一方で日本では、個人の意見や信条が発言の基礎となっていることが多いため、話がまとまらないことが多くあります。

それでは日本式のビジネス会話は問題しかないのでしょうか。実は、良い点もあります。例えば、アメリカの会社では、上司・部下の関係も明確であるため、上司があまり部下の意見を聞きません。決定権がある人が決めて、その人が失敗したら責任を取るというシンプルな構造で会社が動いています。それに対して日本の会社では「みんなが意見を言うことは良いことだ」という雰囲気があり、会議では役職に関係なく意見が言える状況があり、そこから新しいことが生まれることもあります。

もちろん、意見を言える場があったとしても、日本独特の空気を読まなくてはいけない雰囲気があるのも事実です。だからこそ良いビジネス会話が必要なのです。また、IT 技術などを利用して社員同士が気軽に意見交換する仕組みを採用し、意識的に多くの社員の意見を引き出そうとする会社も増えています。

多くの社員の率直な意見は会社の発展に重要だと考える日本式と、組織上の目的を明確に共有するアメリカ式との融合が、みんなが納得した上で共通認識を形成する近道であることがわかり、多くの企業で取り込まれています。

役割を明確にして経歴、専門、役職に関係なく
意見が出せる会話を目指そう

Point

- 日本では、発言や意見が個人の信条に結び付けて考える傾向があるため「気軽」に意見を言いにくい
- アメリカでは、個人的な信条とは切り離されて考えられるためビジネス上の意見は言いやすいが、組織上の責任の所在が明確なため逆に意見が言いにくい
- 最近は、日米の良いところを融合させている企業が増えている

Column

国が異なる会社との交渉

難易度の高いビジネス会話の中に会社間の交渉があります。筆者も多くの交渉を経験してきましたが、その中で印象に残っている交渉がいくつかあります。その一つに中国の会社との交渉が挙げられます。

そのときの交渉では、相手の交渉団の中に世界的に著名な技術者がいました。当初の考えでは、この著名な技術者は自分の矜持(きょうじ)から、節度を持った重鎮らしい会話が出てくると思いました。

しかし、交渉団の中で先頭に立ち、真っ向から反論をしたり、無理な説得をしたりしてきました。最初は、そのように強引なやり方に対して腹を立てていましたが、途中からその徹底した態度にむしろ感心するようになりました。

自分は「技術者として有名」といった矜持にとらわれることなく、あくまで自分の会社の利益を守ることに全力を尽くしているのだと感じられたのです。

中国の会社との会話によるコミュニケーションを行うと、面食らう場合があると話を聞くことがあります。しかし、これはコミュニケーションの文化が、目的に対して直線的に推進するやり方だからであり、日本人的な考え方とは大きく違うからだと思います。

腹を立てる前に相手のコミュニケーション文化を理解尊重し、客観的なコミュニケーションをすることで、外国の会社と円滑なコミュニケーションができるようになると思います。

4-13

年代差を埋める会話

上司の武勇伝にも価値がある（かもしれない）

疑問や心配

会議では、どうしても年上の先輩や上司から過去の実績などと比較されます。時代が違うのにと思いつつ、何となく空気を合わせてしまい、意見が言えないことがあります。どうしたらいいのでしょうか？

解決

若い人たちが抱く上司の悪いイメージを聞くTV番組の中で、「会議で過去の武勇伝ばかり喋る」という意見が上位になっていました。確かに過去の話は参考になることもありますが、度を超すと嫌になるものです。ところで、上司はなぜそんなことを皆さんたちに話すのかを考えてみたことはありますか？　単なる「自慢」の人もいますが、そうでない人もいます。

上司が新入社員の頃も、上司から同じような「武勇伝」を聞かされ、「それ意味あるの？」「体育会系で面倒」などと心中で思い、苦笑いをしていた時期が必ずあるのです。ただ、年をとって自分がそれをやっている側になっていることはあまり気が付きません。

それでは、なぜ自分が言われて面倒くさかったことを、今度は自分が言う側になってしまうのでしょうか。

上司の武勇伝は我慢して聞かないといけないの？

この理由は二つの心理が考えられます。一つ目は、世代差による疑問の投げかけです。上司世代からすると若い社員に「何を考えているのか？」「自発的に行動していない」などといった思考から「それではいい仕事ができないぞ！」というアドバイスを間接的に伝えたいのです。

二つ目は、自分に不安があり、「若い世代に対して認めてほしい」といった安心感を得たいというものです。街頭アンケートで「最近の若い者は承認欲求が強い」が上位になっていると聞いたことがありますが、承認されたいという感情はどの世代も持っているものです。これらは前述の「マウント」でも説明したように、マウントを取ろうとする人の心理状態と重なる部分が多いようです。

どちらの心理も、余計に年上世代との会話を避けたくなりますが、会社組織では上司と円滑な会話を取り、信頼関係を構築しなければ円滑に業務を進めることができません。まず、上司は「歴史は繰り返す」を実践していることを理解すれば、精神的イライラが多少減り、冷静に相手を観察できます。もちろん、会話は双方向で行うものなので、相手にも自覚してもらうことが重要です。しかし、この場合は相手への期待や変革を迫ることは難しいので、まずは自分だけでも冷静になり、どう変えられるかを考えてみましょう。

人間は正しいことを常に言う人もいなければ、間違ったことを常に言う人もいません。皆さんが冷静になれば「武勇伝」の中にも発見や意味のある内容があることに気づくと思います。それに気が付けば「面倒だな」という感情も薄れてきて、話を聞いてみようという気もでてくるかもしれません（ただしハラスメントの場合は然るべき対応をしましょう）。

また、「業務があるので」などといって、話を切ることで「武勇伝」の話を止める方法など、上司の性格に合わせた対策も有効です。

上司の武勇伝の中にも発見やアドバイスがあると思って
それを抜き出す気持ちを持つ

Point

- 年上世代の面倒な話でも、冷静に聞くと気づくことはあるかもしれない

Chapter 4の確認問題

問1　以下の記述の中で、妥当な内容の文章はどれでしょうか。

(1) 会社でも大学の研究室と同様、自分の専門や研究のことだけを考えていればよい。

(2) 会社でも大学の研究と同様、独創的な研究開発であれば常に評価される。

(3) 会社では自分と役割や職務が異なる人の協力が必要ないので、コミュニケーションに留意する必要はない。

(4) 会社では自分の研究開発の成果を社会や市場にとって意味のあるものとするためにはさまざまな役割や考えを持つ人と協力する必要がある。

(5) 会社では他部門との交渉は上司や先輩が常に行ってくれるため、自分は他部門のことを一切気にする必要はない。

問2　以下の記述の中で、妥当ではない内容の文章はどれでしょうか。

(1) 異分野の内容を理解するためには、これまでの自分の理解の仕方は一切通用しないと思ったほうがよい。

(2) 異分野の内容であっても、いったん、それまでの自分の理解の仕方で理解を試みたほうがよい。

(3) 自分を観察し、自分の思考パターンや理解方法などを把握した上で、自分の言葉で物事を理解しようとする姿勢が重要である。

(4) 仕事を進める上でのコミュニケーションにおいて食い違いを感じることがあったら、その食い違いを解消しておいたほうがよい。

(5) プロジェクトに専門性の異なる人が参画することで予想を超えた成果が得られることがある。

問 3　以下の記述の中で、妥当ではない内容の文章はどれでしょうか。

(1) ポリシーのように論理的な基盤のない各個人の信条では、それに同意できないと「平和的に合意形成」することが難しいが、仕事上の目的は個人の信条によるものではなく、社会や現実を踏まえて合理的に設定されるので、「平和的に合意形成」することは可能である。

(2) 正しいことを常に言う人もいなければ、間違ったことを常に言う人もいないので、上司や先輩の武勇伝の中にも発見や意味のある内容があることに気づくことがある。

(3) コミュニケーションにおいて自分が相手に対してマウントを取ろうとしてしまうのは不安の表れである可能性があるので、自分を見つめなおす必要がある。

(4) 上司や先輩が仕事に必要な十分な情報を提供してくれないことがあっても、勇気を出して事前の情報共有の確認をすることが重要である。

(5) 仕事上の意見は個人の人格に直結していると考えるべきなので、仕事上の意見が妥当でない場合は人格にも問題がある。

Chapter 4 の確認問題の解答

問1　(4)

社会や市場に意味のある製品やサービスを提供するためにはいろいろな分野の人たちと協力することが必要です。

問2　(1)

自分なりの仕方で理解したほうがより深く理解できますし、プロジェクトに新たな観点を与え、それが予想を超えた成果につながることがあります。

問3　(5)

仕事上の意見は個人の信条やポリシーとは別個のものと考えてよいので、仕事上の意見が妥当でなかったとしても個人の人格が否定されることにはなりません。

索引

著者紹介

堀越　智（ほりこし　さとし）
上智大学 理工学部 物質生命理工学科 教授、博士（理学）
専門分野：グリーンケミストリー・マイクロ波化学・企業技術支援など

大学教員一筋で、多くの学生を理系職に送り出してきました。研究でも企業との応用研究が年 30 社程度あり、企業理系職の雰囲気もわかっています。良い研究は外部へ発信するところまでが必須と考え、文章、プレゼン、会話の理系コミュニケーションを教えています。この経験を基礎として企業活動へのアドバイスも多数行っています。

廣川　克也（ひろかわ　かつや）
一般財団法人 SFC フォーラム 事務局長
専門分野：新事業創造支援、起業支援、産学官連携コーディネートなど

大学や研究室から生まれる「研究成果」を「社会で事業化する」ことに長く取り組んできました。「研究者」や「開発担当者」と、「投資家」「金融機関」「一般ユーザー」という、使う言葉が異なる人々をつなぎ、広く社会で使用されるようにサポートすることを行ってきました。

宮澤　貴士（みやざわ　たかし）
積智研究院合同会社 上席研究員、博士（理学）・博士（技術経営）
専門分野：自然科学（特に化学）・知的財産・研究開発戦略・契約法務・企業制度設計・ビジネスモデル設計・ベンチャー支援など

さまざまな組織で研究や技術を中心に仕事をしてきましたが、研究成果を世に出すためには他の人との生産的なコミュニケーションの必要性を日々感じていました。うまくいかないことも多々ありましたが、その中で色々と気づくことも多くあり、その気づきを本書で取り上げました。

〈本書の内容をより深めるための参考文献〉

[1] 特許出願書類の書き方ガイド、独立行政法人 工業所有権情報・研修館 https://www.inpit.go.jp/blob/archives/pdf/patent.pdf
[2] 木下是雄：『理科系の作文技術』、中央公論新社、1981
[3] 澤　円：『マイクロソフト伝説マネジャーの世界 No.1 プレゼン術』、ダイヤモンド社、2017
[4] カーマイン・ガロ（著）、土方奈美（訳）：『TED 驚異のプレゼン　人を惹きつけ、心を動かす 9 つの法則』、日経 BP 社、2014

- イラスト　原山みりん（せいちんデザイン）

理系のための伝わるビジネスコミュニケーション力
—入社１年目の文章・プレゼン・会話術—

2024年3月8日　　第1版第1刷発行

著　者　堀越　智・廣川克也・宮澤貴士
発行者　村上和夫
発行所　株式会社 オーム社
郵便番号　101-8460
東京都千代田区神田錦町3-1
電話　03(3233)0641(代表)
URL　https://www.ohmsha.co.jp/

組版　ホリエテクニカル　　印刷　精興社　　製本　協栄製本
ISBN978-4-274-23174-2　Printed in Japan